职业教育人工智能领域系列教材

数据库原理及应用
（SQL Server 2019）

主　编　原　莉
副主编　王　霞　白雪冰　赵　源
参　编　王学慧　王　飞　关　淼

机械工业出版社

本书以学生管理数据库为主线，以 SQL Server 2019 为平台，分为 10 个单元，分别介绍了安装和使用 SQL Server 2019、创建和管理数据库、创建和维护数据表、数据查询、创建和管理视图、创建和管理索引、数据库设计、存储过程、数据库安全管理、数据库备份和还原。本书语言简洁、概念清晰、取材合理、深入浅出、突出应用，用通俗的语言和实例解释抽象的概念，将抽象概念融合到具体的数据库管理系统 SQL Server 2019 中，便于学生理解和掌握。

本书既可作为高等职业院校计算机类相关专业的教材，也可作为从事信息领域工作相关人员的参考书。

为方便教学，本书配有免费电子课件、电子教案、模拟试卷及答案、源程序及思考与练习答案等电子资源。凡选用本书作为授课教材的教师可登录机械工业出版社教育服务网（www.cmpedu.com），注册后免费下载电子资源。本书咨询电话：010-88379564。

图书在版编目（CIP）数据

数据库原理及应用：SQL Server 2019/原莉主编. —北京：机械工业出版社，2023.3

职业教育人工智能领域系列教材

ISBN 978-7-111-72432-2

Ⅰ.①数…　Ⅱ.①原…　Ⅲ.①关系数据库系统 – 高等职业教育 – 教材　Ⅳ.①TP311.138

中国国家版本馆 CIP 数据核字（2023）第 010273 号

机械工业出版社（北京市百万庄大街 22 号　邮政编码 100037）
策划编辑：冯睿娟　　　　　　责任编辑：冯睿娟
责任校对：肖　琳　张　薇　封面设计：马若濛
责任印制：张　博
保定市中画美凯印刷有限公司印刷
2023 年 3 月第 1 版第 1 次印刷
184mm×260mm · 11.5 印张 · 282 千字
标准书号：ISBN 978-7-111-72432-2
定价：42.00 元

电话服务　　　　　　　　　网络服务
客服电话：010-88361066　机　工　官　网：www.cmpbook.com
　　　　　010-88379833　机　工　官　博：weibo.com/cmp1952
　　　　　010-68326294　金　　书　　网：www.golden-book.com
封底无防伪标均为盗版　机工教育服务网：www.cmpedu.com

前言

随着大数据、云计算、物联网、移动互联网等信息技术的飞速发展以及数据资源量的急速增长，SQL Server数据库的应用越来越广泛。能否利用数据库管理系统科学地组织、存储、查询、维护和共享海量数据，已成为衡量计算机类相关专业学生职业能力的一项重要内容。

本书以SQL Server 2019为平台，具有如下特点：

1. 采用项目任务编写模式，以学生容易理解的真实工程项目——学生管理数据库的设计与维护为工作项目，按照"创建数据库—使用数据库—管理数据库"由易到难的工作过程展开，将整个学生管理数据库项目分解为若干个相互关联的单元，每个单元又划分为若干个工作任务，每个单元将数据库理论与数据库操作技术整合为一体，通过指导学生完成一系列的工作任务来达成职业能力培养目标，重点培养学生解决问题的能力。每个单元还包括"同步实训"部分，给予学生足够的拓展空间，引导学生自主和深入学习，对学生的自学能力进行培养和训练，以便学生胜任中、小型数据库开发、数据库管理及运维等相关岗位的工作。

2. 本书融入立德树人元素，引入"拓展活动"模块，培养学生爱岗敬业、诚实守信的职业道德，养成精益求精的精神。

3. 本书配套资源丰富，包含有多媒体教学课件、电子教案、源程序等资源，利于教师备课、学生自学。

本书由包头职业技术学院原莉担任主编，包头职业技术学院王霞、白雪冰、赵源担任副主编，包头职业技术学院王学慧、王飞、关淼参与本书编写。原莉负责编写单元4、单元5，王霞负责编写开篇、单元1、单元2、单元3，白雪冰负责编写单元6、单元7、单元8，赵源负责编写"思考与练习"、制作电子资源等，王学慧负责编写单元9、单元10，王飞、关淼负责收集资料。全书由原莉统稿。本书在编写过程中，得到浙江坤博精工科技股份有限公司的大力帮助，在此表示衷心的感谢！

由于编者水平有限，书中难免存在疏漏之处，恳请专家、同行和读者不吝赐教，便于作者修订再版时作为重要的参考。

编　者

目　录

单元 7　数据库设计 ·· 107

单元 8　存储过程 ··· 114

开 篇

1. 项目描述

随着学校规模的不断扩大，学生数量急剧增加，有关学生的各种信息量也成倍增长。面对庞大的信息量，某学校需要一个学生管理数据库来提升学生管理工作的效率，做到信息的规范管理、科学统计以及快速查询和更新，减少管理方面的工作量。总体任务是要实现学生信息关系的系统化、规范化和自动化。

2. 项目分析

根据总体任务的要求分析得出，学生管理数据库的创建需要掌握的内容包括以下几方面：

1）安装与使用 SQL Server 2019。

2）学生管理数据库的创建。

3）信息表的创建。学生基本信息表的内容，包括学生学号、姓名、性别、年龄、所属系别等；学校课程信息表的内容，包括课程编号、课程名称以及完成该课程所得的学分；学生成绩信息表的内容，包括学生学号、课程编号以及成绩等。

4）学生信息、课程信息、成绩信息等的插入、删除、修改、查询和统计。

5）根据实际需求，运用视图重新构造表的数据结构。

6）使用索引加快检索表中数据的方法。

7）使用 E - R 图建立现实世界中的实体与联系模型。

8）数据库的编程运用，如存储过程。

9）数据库的安全管理。

10）数据库的日常维护，如数据的备份与还原。

3. 实施方案

一个综合性的"学生管理数据库"项目贯穿全书，将数据库理论、数据库操作技术与数据库开发应用融为一体，以数据库操作为主，实现教学内容项目化，并将整个项目分解为若干单元，循序渐进地介绍了数据库系统设计与维护的完整过程。

1）单元 1，系统地介绍数据库系统的基本概念，让学生了解和认识 SQL Server，并搭建实训环境，安装 SQL Server 2019。

2）单元 2~6，依托学生管理数据库项目，通过大量的实例，全面、深入地介绍 SQL Server 2019 的基本操作，包括数据库操作、表和表数据操作、数据查询、视图和索引。

3）单元7，介绍数据库结构设计，主要阐述如何制作 E-R 图以及如何将 E-R 图转化为关系数据模型。

4）单元8，通过介绍存储过程和触发器，阐述实现业务逻辑的各种操作。

5）单元9，主要从数据库角度讲解数据库安全问题以及解决方法。

6）单元10，介绍数据库的日常维护。

4. 知识准备

要完成学生管理数据库的开发须学完本书的全部内容，包括数据库系统的基本知识，数据库和数据表的创建、修改和删除方法，数据的输入、修改、插入和删除等操作。

单元1
安装和使用SQL Server 2019

【知识储备 1.1】 Web 数据库基本原理

1. Web 数据库的基本结构

Web 数据库一般指基于 B/S（浏览器/服务器）的网络数据库，它是以后台数据库为基础，结合相应的前台程序，通过浏览器完成数据存储、查询等操作的系统。简单地说，Web 数据库就是在网络上创建、运行的数据库，它由数据库服务器（Database Server）、中间件（Middle Ware）、Web 服务器（Web Server）、浏览器（Browser）等四部分组成，如图 1-1 所示。其中，数据库服务器一般指安装了数据库软件的服务器，常用的数据库软件主要包括 MySQL、Access、SQL Server、Oracle 等。

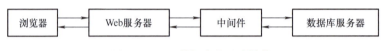

图 1-1　Web 数据库的基本结构

2. Web 数据库的基本工作步骤

Web 数据库的工作原理可简单地概述为：用户通过浏览器端的操作界面以交互的方式经由 Web 服务器来访问数据库，用户向数据库提交的信息以及数据库返回给用户的信息都是以网页的形式显示。其基本工作步骤是：

1）用户打开客户端计算机中的浏览器软件。

2）用户输入要打开的 Web 主页的 URL 地址并按 < Enter > 键，或利用浏览器作为输入接口输入相应的数据并单击提交按钮，浏览器将生成一个 HTTP 请求。

3）浏览器连接到指定的 Web 服务器，并发送 HTTP 请求。

4）Web 服务器接收到 HTTP 请求，根据请求内容的不同做不同的处理。如果没有访问数据库的请求，则直接按 HTTP 请求进行处理，并生成 HTML 格式的返回结果页面。如果有访问数据库的请求，则通过中间件通知数据库服务器执行操作数据库的处理；数据库服务器按接收的指令操作数据库后再将处理结果通过中间件传回 Web 服务器；Web 服务器按照 HTTP 请求的要求对接收到的处理结果进行整理，最终生成 HTML 格式的返回结果页面。

5）Web 服务器将 HTML 格式的返回结果页面发回到浏览器。

6）浏览器将网页显示到屏幕上。

【知识储备 1.2】 数据管理的发展

1. 数据管理的三个发展阶段

数据管理是指对已经收集到的数据进行组织、存储、检索和维护。数据的收集是非常复杂的过程，需要投入很大的人力和物力。要想在需要的时候充分发挥数据的作用，需要对已经收集到的数据进行有效的管理。判断数据是否有效的管理主要依据为数据的保存性、共享性、独立性、完成性、冗余度等多个方面。对于数据的管理可分为三个发展阶段：人工管理阶段、文件管理阶段、数据库管理阶段。

（1）人工管理阶段

在20世纪60年代以前、计算机的内部还没有可大量存储数据的存储设备。计算机只具有科学计算的功能。大量的数据都保存在磁带、卡片和纸带上，如图1-2所示。

图1-2　人工管理阶段保存数据的形式

在这个时期，如果人们想进行一项计算，需要用打带机在纸带上打上相应的数据，并将纸带送入计算机，计算机进行读取。然后根据需要将计算过程写成汇编语言的代码，同样打到纸带上，计算机会根据程序的要求执行计算，并将计算后的结果打到纸带上输出。在这个阶段，数据基本是通过人力在进行管理，所以这个阶段又称为人工管理阶段。这个阶段有以下几个特点：

1）数据不保存在计算机内。数据由专门的数据管理员记录在纸质文档上。

2）数据不具有共享性。一份数据只能针对于特定的程序进行使用，别的程序无法使用。即使是多个程序使用同一组数据，也需要将数据复制后分发给不同程序，造成大量的重复数据。例如：学校中的排课应用程序中存在一份学生数据，教材应用程序中也存在一份学生数据，请假应用程序中还存在一份学生数据。

3）数据不一致。这往往是由数据冗余造成的，在进行数据更新的时候，稍有不慎就有可能造成数据不一致。例如：学生选课表中某一个学生数据进行了修改，但是学生成绩表中的数据没有进行及时的修改，就产生了数据不一致的情况。

（2）文件管理阶段

在20世纪60年代初期，出现了磁盘、磁鼓等可直接存取的存储设备，计算机可以对部分数据进行存取。伴随着操作系统的不断发展，操作系统中逐渐出现了对数据进行管理的功能，就是文件管理系统。用文件管理系统管理数据，标志着数据管理迈入了文件管理阶段。这个阶段有以下几个特点：

1）数据以文件的形式，可以长期保存在计算机的外部存储器中。

2）随着文件管理系统的应用，数据出现了逻辑结构。不必在关心数据的物理结构，只需要用文件名对数据进行归类和组织标记，大幅度提高了数据管理的效率。

3）虽然文件管理系统在一定程度上提高了数据管理的效率，但同时文件管理系统仍然存在一定的缺陷：

① 数据重复、冗余的情况仍然比较多。这是由于不同的应用程序之间所调用的文件不同，同样的数据必须在不同的文件夹中重复出现。

② 数值不一致。由于文件管理系统管理文件时存在数据重复的情况，在不同的文件中重复的数据之间不能及时更新时就会出现数据不一致的情况。

③ 数据联系弱。文件管理系统对于数据管理时，文件之间相互独立，需要设定特定的联系渠道将文件进行互通。仅通过人为设定联系渠道效果毕竟是有限的，所以会造成数据联系弱的情况出现。

（3）数据库管理阶段

在 20 世纪 60 年代，文件管理系统一直是作为主要的数据管理手段进行使用的。直到 20 世纪 60 年代末至 70 年代初，磁盘技术取得了重要的进展，可以快速存取大量数据的磁盘进入市场，并且获取成本也不是很高。所以大量数据被存储在计算机的外部存储器中。文件管理系统已经渐渐地不能满足当时数据管理的需求了，数据库系统逐渐显示出它的优势被人们广泛使用。数据库系统可以简略地理解为文件管理系统的合并升级版。多个文件的数据进行合并共享后由数据库管理系统进行统一管理。具有以下几个特点：

1）数据库系统有较高的数据共享性，减少了数据冗余。多个应用程序、多个用户可以共享同一个数据仓库中的同一份数据。例如排课系统和教材系统此时就可以共用一份学生数据。

2）大幅地降低了数据不一致的情况。由于数据库中的数据是高度共享的，所以数据更新可以做到实时的状态。数据不一致的情况在共享数据的应用中基本不会出现。例如排课系统中对学生数据进行的修改，教材系统中的学生数据可以同时得到更新。

3）数据结构化。进入数据库中的数据有了统一的结构设定。同一类型的数据有了统一的结构后，很大程度上降低了数据的不一致性，同时提高了系统的工作效率。

2. 数据库系统相关概念

数据库是数据管理的新手段和新技术。数据库技术作为计算机学科中的一个重要分支，它的应用非常广泛，几乎涉及所有的应用领域。使用数据库管理数据，可以保证数据的共享性、安全性和完整性。要想掌握好数据库系统技术，必须弄清数据、数据管理、数据库和数据库管理系统等基本概念。

（1）数据与信息

数据（Data）是数据库中存储的基本对象。数据是载荷信息的媒体，它包括数值型数据和非数值型数据。数值型数据是以数字表示信息，而非数值型数据是以符号及其组合来表示信息。例如字符、文字、图表、图形、图像、声音等均属于非数值型数据，这些形式的数据经过数字化后都可以存储到计算机中。因此，数据是指用符号记录下来的、可以识别的信息。数据有以下 3 个特征：

1）不能把数据简单地与数字等同起来。

2）数据的解释是指对数据含义的说明，数据的含义称为数据的语义，数据和数据的语义是不可分的。

3）数据在计算机中存储和处理时，都转换成计算机能够识别的符号，即只用0和1两个符号编码的二进制数字串来表示。

例如，91是一个数据，可以描述一个学生某门课的成绩，也可以指某专业的学生人数，还可以指某人的体重等；数据"2012130045"的含义是学号还是身份证号，从数据中无法知道。可见，数据与其语义是不可分的，离开了具体的语义环境，数据毫无意义。

信息在一般意义上被认为是有一定含义的、经过加工处理的、对决策有价值的数据。

例如，某班学生在期末考试中，一共考了语文、数学、英语三门课，可以由每名学生的三科成绩相加求出其总分，进而再排出名次，从而得到了有用的信息。

可见，信息是经过加工处理并对人类客观行为产生影响的数据表现形式。数据是反映客观事物属性的记录，是信息的具体表现形式。所有的信息本身都是数据，而数据只有经过提炼和抽象之后，具有了使用价值才能称为信息。经过加工所得到的信息仍以数据的形式表现，此时的数据是人们认识信息的一种媒体。

（2）数据处理与数据管理

数据处理（Data Processing）是对数据进行采集、组织、存储、检索、加工、变换和传输的过程。其目的是根据实际需要，从原有大量、庞杂、难理解的数据中抽取出有价值的新数据（信息），作为决策的依据，其实质是信息处理。

数据管理（Data Management）是利用计算机硬件和软件技术对数据进行有效地收集、存储、处理和应用的过程。如在数据处理过程中，数据采集、存储、检索、分类和数据处理传输等基本环节统称为数据管理，所以数据管理是数据处理的核心问题。

（3）数据库、数据库管理系统与数据库系统

数据库（DataBase，DB）即存放数据的仓库，这个仓库就是存储在计算机设备（包括PC、服务器、平板计算机或手机等）上的有组织、可共享、持久性的数据空间。数据库中的数据之间相互关联，并不是简单的堆积。严格地讲，数据库是长期存储在计算机设备内、有组织的、可共享的大量数据的集合。数据库中的数据按照一定的数据模型组织、描述和存储，具有较小的冗余度、较高的数据独立性和易扩展性，并可为各种用户共享。数据库操作处理的基本对象是数据。

数据库管理系统（Database Management System，DBMS）是指建立、运用、管理和维护数据库，并对数据进行统一管理和控制的系统软件。主要用于用户定义（建立）及操作、管理和控制数据库和数据，并保证数据的安全性、完整性、多用户对数据进行并发使用及出现意外时的数据库恢复等。DBMS是整个数据库系统的核心，对数据库中的各种业务数据进行统一管理、控制和共享，DBMS的重要地位和作用如图1-3所示。常用的大型DBMS有SQL Server、Oracle、MySQL、Sybase、DB2和Informix等，小型的DBMS有VFP（Visual Fox-Pro）和Office Access等。

数据库系统是指在计算机系统中引入数据库后的系统，一般由数据库、数据库管理系统（及其开发工具）、应用系统和数据库管理员构成，如图1-4所示。数据库的创建、使用和维护等工作不能只靠一个DBMS，需要有专门的人员来管理和维护，负责此类事件的人员称为数据库管理员（DataBase Administrator，DBA）。

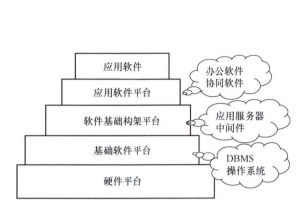

图 1-3　DBMS 的重要地位和作用

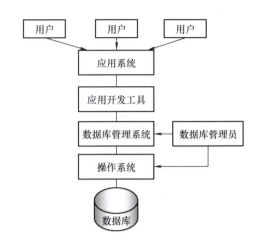

图 1-4　数据库系统的构成

【知识储备 1.3】 SQL Server 系统概述

1. 数据库管理系统简介

现阶段，可获取的数据库管理系统较多。针对不同的应用场景，可选择不同的数据库管理系统。常见的数据库管理系统主要有 MySQL、SQL Server、Oracle 等。

（1）MySQL

MySQL 是一款安全、跨平台、高效的，并与 PHP、Java 等主流编程语言紧密结合的数据库管理系统。该数据库管理系统是由瑞典的 MySQL AB 公司开发、发布并支持。目前 MySQL 被广泛地应用在 Internet 上的中小型网站中。由于其体积小、速度快、总体拥有成本低，尤其是开放源码这一特点，使得很多公司都采用 MySQL 数据库以降低成本。MySQL 数据库可以称得上是目前运行速度较快的 SQL 数据库之一。除了具有许多其他数据库所不具备的功能外，MySQL 数据库还是一个完全免费的产品，用户可以直接通过网络下载 MySQL 数据库，而不必支付任何费用。

MySQL 存在一些局限性。首先是不支持事务处理，并且没有视图。其次 MySQL 没有存储过程和触发器，没有数据库端的用户自定义函数，不能完全使用标准的 SQL 语法。这些局限使得 MySQL 没法处理复杂的关联性数据库功能，例如子查询等。

（2）Oracle

Oracle 能在所有主流平台上运行（包括 Windows），完全支持所有的工业标准，采用完全开放策略，可以使客户选择最适合的解决方案。对开发商全力支持，Oracle 并行服务器通过一组结点共享同一簇中的工作来扩展 Windows NT 的能力，提供高可用性和高伸缩性的簇的解决方案。如果 Windows NT 不能满足需要，用户可以把数据库移到 UNIX 中。Oracle 的并行服务器对各种 UNIX 平台的集群机制都有着相当高的集成度。Oracle 获得最高认证级别的 ISO 标准认证。Oracle 性能很高，支持多种工业标准，可以用 ODBC、JDBC、OCI 等网络连接客户。Oracle 在兼容性、可移植性、可联结性、高生产率上、开放性也存在优点。Oracle 产品采用标准 SQL，并经过美国国家标准技术研究院（NIST）测试，与 IBM SQL/

DS、DB2、INGRES、IDMS/R 等兼容。Oracle 的产品可运行于大部分硬件与操作系统平台上；可以安装在 70 种以上不同的大、中、小型机上，可在 VMS、DOS、UNIX、Windows 等多种操作系统下工作；能与多种通信网络相连，支持各种协议（TCP/IP、DECnet、LU6.2等）；提供了多种开发工具，能极大地方便用户进行进一步的开发。此外，Oracle 还具有良好的兼容性、可移植性、可连接性和高生产率。但是 Oracle 的使用成本比较高，价格比较昂贵，适用于数据存储量较大的工业类项目。

（3）SQL Server

SQL Server 是 Microsoft（微软）公司推出的一款数据库管理产品，它具有使用方便、可伸缩性好、与相关软件集成程度高等优点，逐渐成为 Windows 平台下进行数据库应用开发较为理想的选择之一。SQL Server 是目前使用较多的数据库之一，它已广泛应用于金融、电力、行政管理等与数据库有关的行业。而且，由于其易操作且界面友好，赢得了广大用户的青睐，尤其是 SQL Server 与其他数据库，如 Access、FoxPro 等有良好的 ODBC 接口，可以把上述数据库转成 SQL Server 的数据库，因此应用越来越广泛。

2. SQL Server 数据库管理系统简介

SQL Server 为用户提供了一个安全可靠和高效的平台，用于企业数据管理和商业智能应用。SQL Server 数据库引擎为关系型数据和结构化数据提供了更为安全可靠的存储功能，使用户可以构建和管理用于数据处理的高性能应用程序，并引入了用于提高开发人员、架构师和管理员能力和效率的新功能。

（1）SQL Server 的版本

SQL Server 数据库管理系统是当前较为流行的数据库管理系统之一，Microsoft 公司自1993 年以来相继发布了多个版本，常见的 SQL Server 版本介绍如下：

1）SQL Server 2000。SQL Server 2000 是 Microsoft 发布的一款较早的数据库管理产品。支持 XML，具有完全的 Web 功能，支持多种查询，可以访问非关系型数据库，支持分布式查询，提供了数据仓库功能。SQL Server 2000 有 4 个版本：企业版（Enterprise）、标准版（Standard）、开发版（Developer）和个人版（Personal）。

2）SQL Server 2005。SQL Server 2005 是 Microsoft 在 SQL Server 2000 基础上改进后发布的一款数据库管理产品。通过名为集成服务（Integration Service）的工具加载数据，引入.NET Framework，允许构建.NET SQL Server 专有对象，从而使 SQL Server 具有更灵活的数据管理功能。主要版本有：企业版（Enterprise）、标准版（Standard）、工作组版（Workgroup）、开发版（Developer）、精简版（Express）和移动版（Mobile）。

3）SQL Server 2008。SQL Server 2008 将结构化、半结构化和非结构化文档的数据直接存储到数据库中，对数据进行查询、搜索、同步、报告和分析之类的操作。SQL Server 2008 允许使用 Microsoft.NET 和 Visual Studio 开发的自定义应用程序中的数据，在面向服务的架构（SOA）和通过 Biz Talk Server 进行的业务流程中使用数据。主要版本有：企业版（Enterprise）、标准版（Standard）、工作组版（Workgroup）、Web 版（Web）、精简版（Express）。

4）SQL Server 2012。全面支持云技术与平台，实现私有云与公有云之间数据的扩展与应用迁移；在业界领先的商业智能领域，提供关键业务应用的多种功能与解决方案；针对大数据以及数据仓库，提供从数 TB 到数百 TB 全面端到端的解决方案。包括 4 种主要版本：企业版（Enterprise）、标准版（Standard）、商业智能版（Bussiness Intelligence）、精简版（Express）。

5）SQL Server 2019。使用内置有 Apache Spark 的 SQL Server 2019，支持使用跨关系、非关系、结构化和非结构化数据进行查询，从所有数据中获取见解，从而全面了解业务情况。通过开源支持，可以灵活选择语言和平台。该数据库可实现用户的安全性和合规性目标，可以使用内置功能进行数据分类、数据保护以及监控和警报。

（2）SQL Server 系统数据库

SQL Server 系统数据库是 SQL Server 自身使用的数据库，存储有关数据库系统的信息。系统数据库是在 SQL Server 安装好时被建立的，SQL Server 2008 提供 5 个系统数据库。

1）master 数据库。master 数据库是 SQL Server 系统中最重要的数据库，它记录了 SQL Server 系统的所有系统级别信息。这个数据库包括了诸如登录信息、系统设置信息、SOL Server 初始化信息和用户数据库的相关信息。master 数据库是 SQL Server 的核心，如果该数据库被损坏，则系统将无法正常启动。

2）tempdb 数据库。tempdb 数据库是一个临时数据库，它保存所有的临时表、临时存储过程和临时操作结果。tempdb 数据库由整个系统的所有数据库使用，不管用户使用哪个数据库，所建立的临时表和存储过程都存储在 tempdb 数据库中，在用户的连接断开时，该用户产生的临时表和存储过程被 SQL Server 自动删除。tempdb 数据库在 SQL Server 每次启动时都重新创建，运行时根据需要自动增长。

在 SQL Server 2008 中，tempdb 数据库还有一项额外的任务，就是被用作一些特性的版本库，如新的快照隔离层和在线索引（index）操作等。

3）model 数据库。model 数据库用作在系统上创建的所有数据库的模板。当用户创建新数据库时，新数据库的第一部分通过复制 model 数据库中的内容创建，剩余部分由空页填充。

4）msdb 数据库。msdb 数据库给 SQL Server 代理提供必要的信息来运行作业，如为代理程序的报警、任务调度和记录操作员的操作提供存储空间。SQL Server 代理是 SQL Server 中的一个 Windows 服务，用于运行任何已创建的计划作业。作业是 SQL Server 中定义的自动运行的一系列操作，它不需要任何手工干预来启动。

5）resource 数据库。resource 数据库是从 SQL Server 2005 以来引入的新数据库，是一个只读数据库，它包含 SQL Server 中的所有系统对象，如系统存储过程、系统扩展存储过程和系统函数等。SQL Server 系统对象在物理上存放于 resource 数据库中，但在逻辑上，它们出现在每个数据的 sys 构架中。

【任务】 SQL Server 2019 的安装与使用

任务导入

学生管理数据库是学校管理的重要工具，因为数据库管理方式能够明显减少数据冗余，实现数据共享，并提升数据的独立性，数据库系统也为用户提供了数据完整性、安全性等控制功能，所以数据库管理方式已经成为当前数据管理的基本方式。通过了解发现，有的学校是使用 Access 或 MySQL 数据库，有的学校使用 Microsoft SQL Server 数据库，甚至有的使用 Oracle 等数据库。其中，Microsoft 公司的 SQL Server 是一种性价比较好的数据库管理系统，目前在中小企业中应用较为广泛。基于这种考虑，本任务主要学习 SQL Server 数据库管理系统。

🔍 任务描述

学习 SQL Server 2019 的第一步工作就是在计算机上安装这个软件，本任务重点学习 SQL Server 2019 的安装和使用，以便为后续学习奠定一个良好的基础。具体任务有：

1）安装 SQL Server 2019。

2）启动、停止 SQL Server 服务。

🔗 任务实施

1. 安装 SQL Server 2019

1）右击下载好的 exe 文件，使用管理员身份运行；在弹出的【选择安装类型】界面选择【自定义】安装，如图 1-5 所示。

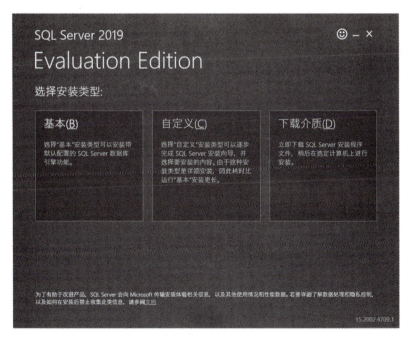

图 1-5　【选择安装类型】界面

2）文件默认是安装在 C 盘，这里也可以选择其他盘，单击【安装】按钮，如图 1-6 所示。

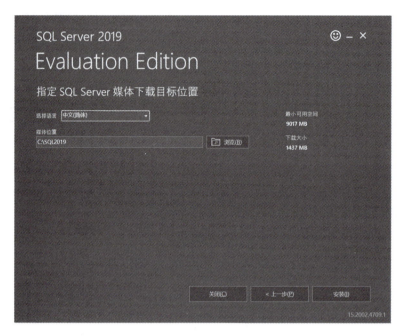

图1-6　设置安装路径

3）安装完毕后进入新的界面，开始正式的安装过程，在【SQL Server 安装中心】左侧选择【安装】，单击【全新 SQL Server 独立安装或向现有安装添加功能】如图1-7所示，从这里可以看出，SQL 引擎功能和 SSMS 是独立分开安装的。【全新 SQL Server 独立安装或向现有安装添加功能】用于安装引擎功能，【安装 SQL Server 管理工具】用于安装 SSMS。

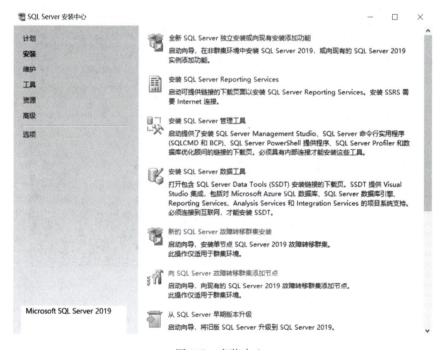

图1-7　安装中心

4）指定可用版本选择【Developer】，不需要产品密钥，单击【下一步】按钮，如图1-8所示。

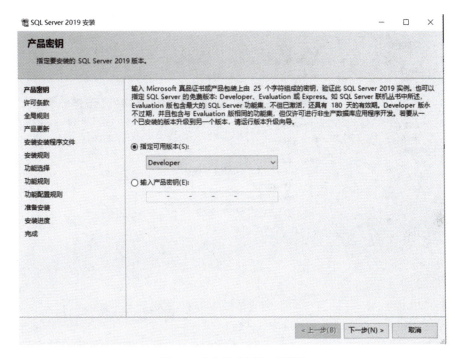

图1-8 【产品密钥】对话框

5）接受许可条款。勾选后单击【下一步】按钮，如图1-9所示。

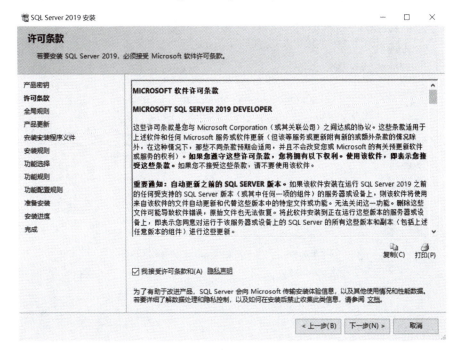

图1-9 【许可条款】对话框

6）进行安全检查。进行安全检查时会出现防火墙警告，无须理会，继续单击【下一步】按钮，如图 1-10 所示。

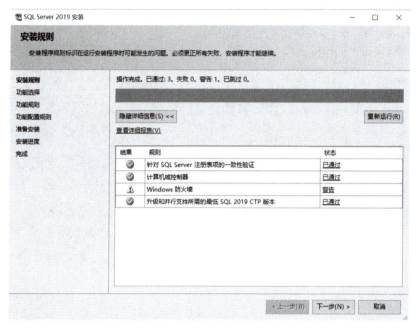

图 1-10　【安装规则】对话框

7）选择所需的功能，必选功能为数据库引擎服务和 SQL Server 复制，如图 1-11 所示，继续单击【下一步】按钮。

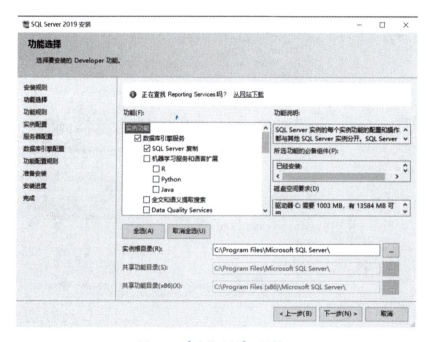

图 1-11　【功能选择】对话框

8）在【实例配置】对话框中，一般选择默认实例，实例就是虚拟的 SQL Server 2019 服务器。SQL Server 2019 允许在同一台计算机上安装多个实例，每一个实例必须有一个属于它的唯一的名字。SQL Server 2019 的默认实例是 MSSQLSERVER。新安装的程序选择【默认实例】，若要安装新的实例，则选择【命名实例】，然后在文本框中输入唯一的实例名，接着单击【下一步】按钮，如图 1-12 所示。

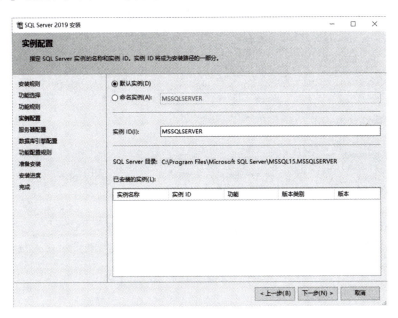

图 1-12 【实例配置】对话框

9）单击【服务器配置】对话框中的【下一步】按钮，如图 1-13 所示。

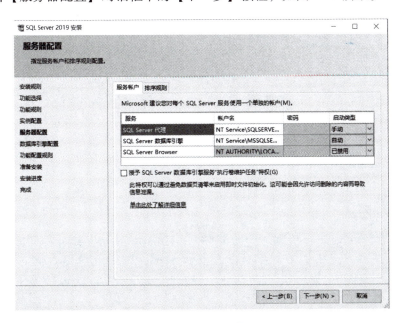

图 1-13 【服务器配置】对话框

15

10）在【数据库引擎配置】的【服务器配置】中，选择要用于 SQL Server 安装的身份验证模式。SQL Server 2019 有两种身份验证模式：Windows 身份验证模式和混合模式。Windows 身份验证模式表明将使用 Windows 的安全机制维护 SQL Server 的登录；混合模式则表明或者使用 Windows 的安全机制，或者使用 SQL Server 定义的登录 ID 和密码。如果选择【混合模式】，则必须输入并确认 SQL Server 系统管理员的密码。本项目选择【混合模式】，并设置密码（此处的密码比较重要，后面会用到），单击【添加当前用户】添加用户，如图 1-14 所示。

图 1-14 【数据库引擎配置】对话框

11）在【准备安装】对话框单击【安装】按钮，如图 1-15 所示。

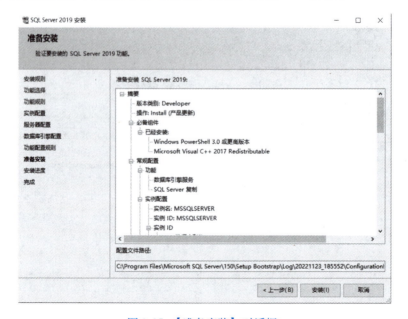

图 1-15 【准备安装】对话框

12）安装成功，出现如图 1-16 所示界面。

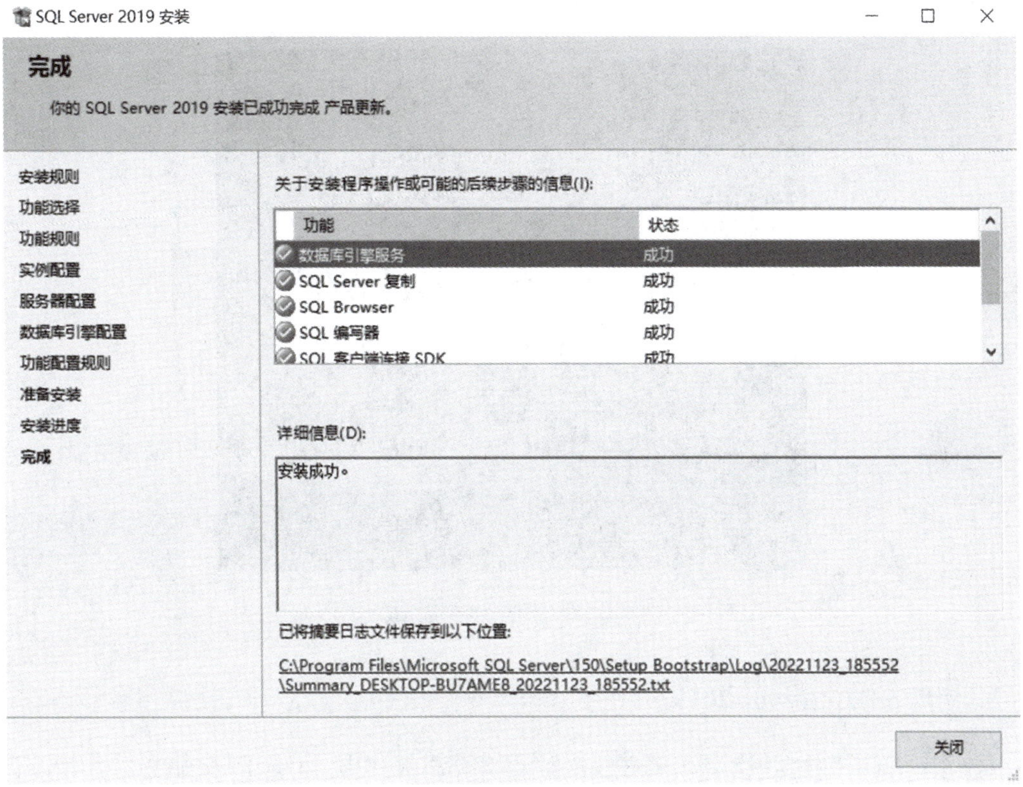

图 1-16　安装完成界面

13）上文对 SQL Server 2019 实例进行了安装，但只有实例还不够，最后还需要在 Microsoft 官网下载并安装 SQL Server Management Studio（SSMS）对数据进行管理，如图 1-17 所示。

图 1-17　【下载 SSMS】界面

14）下载完成后，右击 exe 文件，用管理员身份打开，可更改默认安装位置，而后单击【安装】按钮，如图 1-18 所示，安装完毕即可。

图 1-18　安装 SSMS 界面

2. 使用 SQL Server 2019

在使用 SQL Server 2019 客户端的时候，必须将其与 SQL Server 2019 服务器连接才能对数据库中的数据进行操作管理。客户端连接到服务器有两种情况：一种是连接到本地服务器，另一种是通过网络连接到其他服务器。启动 SQL Server Management Studio 的过程首先是连接到服务器的过程。

1）依次选择【开始】→【程序】→【Microsoft SQL Server 2019】→【SQL Server Management Studio】，打开【连接到服务器】对话框，如图 1-19 所示。

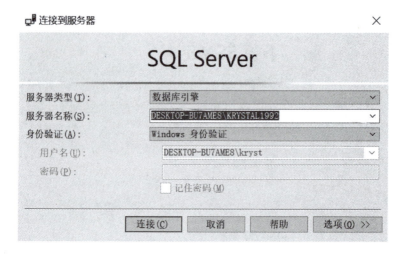

图 1-19　【连接到服务器】对话框

2）将【服务器类型】下拉列表框保持为【数据库引擎】。【服务器名称】下拉列表框中可以显示出本机的 SQL Server 服务器名，如果要连接到网络上的其他服务器，可以输入"服务器名\实例名"来连接，也可以在下拉列表框中选择【浏览更多】选项，在弹出的对话框的【本地服务器】或【网络服务器】选项卡中进行选择。

3）在【身份验证】下拉列表框中可选择身份验证方式。有两种验证方式，一种是使用 Windows 身份验证，在这种方式下，只要是 Windows 的合法用户，SQL Server 服务器即允许他们连接访问；另一种是使用 SQL Server 身份验证，在这种方式下，需要输入用户账户和密码。然后单击【连接】按钮，若用户账户和密码正确就可以连接到数据库服务器上了。

4）在 Microsoft SQL Server Management Studio 中选中相应的服务器，右击服务器名，在弹出的快捷菜单中选择【启动】、【停止】、【暂停】或【重新启动】选项，如图 1-20 所示，即可对该服务器执行相应操作。

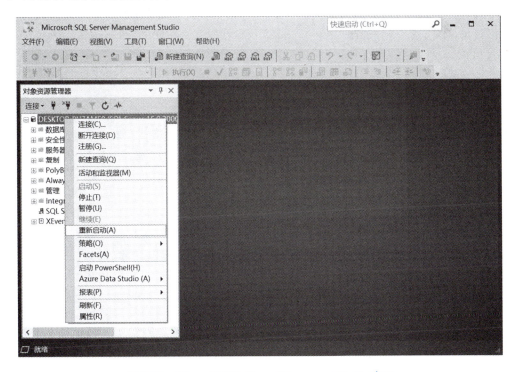

图 1-20　Microsoft SQL Server Management Studio 窗口

【同步实训】　安装 SQL Server 2019

1. 实训目的

1）熟悉 SQL Server 2019 的常用版本。

2）掌握 SQL Server 2019 的安装。

3）掌握 SQL Server 2019 的使用。

2. 实训内容

1）安装 SQL Server 2019，并关注安装过程，直至最终完成。

2）使用 Windows 身份验证连接本地服务器。

【拓展活动】

同学们了解黄大年的事迹吗？谈谈我们如何传承这种科学精神，报效祖国。

【单元小结】

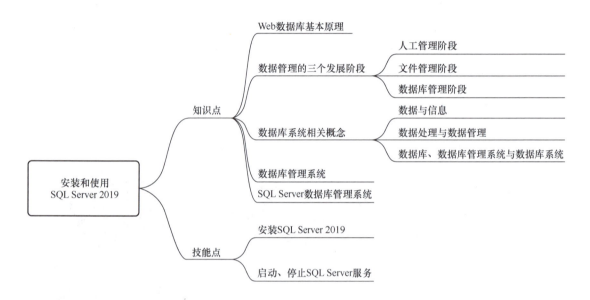

【思考与练习】

一、选择题

1. DB 是_____的英文缩写。

A. 数据库   B. 数据库操作系统

C. 数据库管理系统   D. 数据库系统

2. DBMS 是_____的英文缩写。

A. 数据库   B. 数据库操作系统

C. 数据库管理系统   D. 数据库系统

3. DBS 是_____的英文缩写。

A. 数据库   B. 数据库操作系统

C. 数据库管理系统   D. 数据库系统

4. 数据是_____的载体。

A. 信息   B. 属性

C. 数据库管理系统   D. 数据库系统

5. _____是指从某些已知的数据出发，推导加工出一些新的数据。

A. 信息   B. 数据处理

C. 数据管理   D. 数据库系统

二、填空题

1. 在连接到 SQL Server 服务器时有两种身份验证模式，其中在＿＿＿＿方式下，需要输入登录用户名以及密码。

2. DBA 是＿＿＿＿的英文缩写。

三、简答题

1. 简述数据与信息的区别？

2. 简述数据管理的三个发展阶段？

单元2

创建和管理数据库

学习目标

知识目标

➢ 熟悉 SQL 的特点。
➢ 掌握 T – SQL 的基本知识。

技能目标

➢ 能够使用 SQL Server Management Studio（简称 SSMS）创建数据库。
➢ 能够使用 T – SQL 创建数据库。
➢ 能够对数据库进行修改、删除等操作。

【知识储备2.1】 Transact - SQL 简介

SQL 是结构化查询语言（Structured Query Language）的英文缩写，它是一个综合的、功能极强同时又简洁易学的语言。

1. SQL 的发展历史

1974 年 SQL 最早由雷蒙德·博伊斯（Raymond Boyce）和唐纳德·钱伯林（Donald Chamberlin）提出。

1975—1979 年在 IBM 的数据库管理系统 System R 上实现，SQL 逐步发展成为关系型数据库的标准语言。

1986 年，美国国家标准局（ANSI）的数据库委员会批准了 SQL 作为关系数据库的美国标准，并公布了 SQL 标准文本（简称 SQL - 86）。

1987 年，国际标准化组织（ISO）也通过了这一标准。此后经过不断的修改、扩充和完善，公布了 SQL - 89、SQL - 92、SQL - 99（SQL3）和 SQL - 2003（SQL4）等版本。

2. SQL 的特点

1）高度非过程化。使用 SQL 进行数据操作，只需提出"做什么"，无须指明"怎么做"，具体怎么做则由系统找出一种合适的方法自动完成，大大减轻了用户负担，提高了数据独立性。

2）面向集合的操作方式。SQL 采用集合操作方式，操作对象、查找结果都可以是元组的集合（记录集），一次插入、更新操作的对象等也可以是元组的集合，也就是说可以使用一条语句从一个或者多个表中查询出一组结果数据。

3）关系型数据库的标准语言。无论用户使用哪个公司的产品，SQL 的基本语法都是一样的。

4）语法简单。SQL 功能强大，类似于人类的自然语言，语法极其简单，因而容易学习和掌握，编写的程序简单直观。

3. T - SQL 的组成

Transact - SQL（简称 T - SQL）是 Microsoft 公司在关系型数据库管理系统 SQL Server 中对标准的 SQL 的具体实现，是对 SQL 的扩展，具有 SQL 的主要特点，同时增加了变量、运算符、函数、流程控制和注释等语言元素，使得其功能更加强大。通过 T - SQL 可以完成对 SQL Server 数据库的各种操作，进行数据库应用开发。

T - SQL 是一种交互式的查询语言，具有功能强大、简单易学的特点，它既可以在 SQL Server 中直接执行，也可以嵌入其他高级程序设计语言中使用。

T - SQL 主要由以下 4 部分组成：

1）数据定义语句（DDL）。用于创建和修改数据库结构的语句，包括 CREATE、DROP、ALTER 等语句。

2）数据操纵语句（DML）。用于数据查询、插入、修改和删除等操作语句，包括

SELECT、INSERT、UPDATE 和 DELETE 等语句。

3）数据控制语句（DCL）。用于控制数据库的访问权限和控制游标，进行安全性管理，包括 GRANT 和 REVOKE 等语句。

4）附加的语言要素。附加的语言要素是为了编写脚本而增设的语言要素，包括变量、运算符、函数、流程控制语句、事务控制语句和注释等。

4. T-SQL 语法基础

（1）常用数据类型

用来定义数据对象（如列、变量和参数）的数据类型，在 SQL Server 中数据类型分为以下几类：

1）整数数据类型。常用的四种整数数据类型如下：

int：存储 $-2^{31} \sim (2^{31}-1)$ 之间的所有正、负整数，每个 int 类型的数据占有 4 个字节存储空间。

smallint：存储 $-2^{15} \sim (2^{15}-1)$ 之间的所有正、负整数，每个 smallint 类型的数据占有 2 个字节存储空间。

tinyint：存储 0~255 之间的所有正整数，每个 tinyint 类型的数据占有 1 个字节存储空间。

bit：存储 1、0 或 NULL，它非常适合用于开关标记，且它只占据一个字节空间。输入 0 以外的其他值，系统均看作 1。

2）浮点数据类型。浮点数据类型用于存储十进制小数。浮点数值的数据在 SQL Server 中采用上舍入方式进行存储，因此也称为近似数字。常用的两种类型如下：

real：该数据类型可精确到第 7 位小数，其范围从 $-3.40 \times 10^{-38} \sim 3.40 \times 10^{38}$。每个 real 类型的数据占有 4 个字节存储空间。

float：该数据类型可精确到第 15 位小数，其范围从 $-1.79 \times 10^{-308} \sim 1.79 \times 10^{308}$。每个 float 类型的数据占有 8 个字节存储空间。float 数据类型可写为 float（n），其中 n 是 float 数据的精度，为 1~53 之间的整数值。

3）字符串数据类型。字符串数据类型用于存储字符数据，如字母、数字符号、特殊符号。但要注意，在使用字符串数据类型时要加单引号。常用的三种类型如下：

char（n）：固定长度，长度为 n 个字节。n 的取值为 1~8000，即可以容纳 8000 个 ANSI 字符。若不指定 n 值，系统默认值为 1。若输入数据的字符数小于 n，则系统自动在其后添加空格来填满设定好的空间。若输入的数据字符数大于 n，系统会自动截掉其超出部分。

varchar（n）：可变长度，n 的取值为 1~8000。存储的大小是输入数据的实际长度加 2 个字节，若输入数据的字符数小于 n，则系统不会在其后添加空格来填满设定好的空间。

text：该数据类型用于存储大量文本数据，其容量理论上是 $1 \sim (2^{31}-1)$ 个字节，在实际编程中应根据具体需要而定。

4）日期和时间数据类型。日期和时间数据类型是用来存储日期和时间的数据类型。常用的三种类型如下：

date：该数据类型只存储日期。存储格式为 "YYYY-MM-DD"，占用 3 个字节的存储空间，其范围从 0001-01-01 ~ 9999-12-31。

time：该数据类型只存储时间。存储格式为"hh：mm：ss"，占用 3 ~ 5 个字节的存储空间，其范围从 00：00：00.0000000 ~ 23：59：59.9999999。

datetime：该数据类型用于存储日期和时间的结合体，存储格式"YYYY - MM - DD hh：mm：ss［.nnnnnnn］"，占用 8 个字节的存储空间，其范围从 1753 - 01 - 01 00：00：00 ~ 9999 - 12 - 31 23：59：59。

（2）常量

常量是指在程序运行过程中保持不变的量。T - SQL 的常量主要有以下几种：

1）数值常量。数值常量分为整型常量和实型常量两种。数值常量不需要使用引号。bit 类型常量使用数字 0 和 1 即可，如果大于 1 的数值，则转化为 1。二进制常量用 0x 开头，后面跟十六进制数表示。如 0xB0C5。

2）字符串常量。字符串常量包含在一对单引号内，由字母、数字字符（a ~ z、A ~ Z 和 0 ~ 9）以及特殊字符（如!、@ 和#）组成。例如：'Microsoft SQL Server' 和'Transact - SQL 语法基础'。

3）日期和时间（datetime）常量。用一对单引号括起来的符合日期（时间）格式的字符串称为日期（时间）常量。如：'2020 - 01 - 15'，'09：36：28'。

（3）变量

变量是指在程序运行过程中值可以改变的量。T - SQL 中的变量分为全局变量和局部变量两类。

1）全局变量。由 SQL Server 系统事先定义和使用的变量，用户不参与定义，作用范围不局限于某一程序，而任何程序均可随时调用。DBA 和用户可以使用全局变量的值，但不能定义、修改全局变量。全局变量名字以"@@"开头。例如：

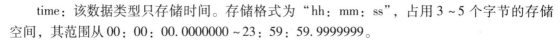

```
Print @ @ VERSION:返回当前安装的日期、版本和处理器类型。
Print @ @ ROWCOUNT:返回受上一语句影响的行数。
```

2）局部变量。用户自定义的变量，它的作用范围仅在程序内部。在程序中通常用来储存从表中查询到的数据或当作程序执行过程中暂存变量使用。

局部变量必须遵循先定义、后赋值的原则，使用 DECLARE 语句定义局部变量的名称、数据类型和长度，以"@"开头。其语法如下：

```
DECLARE <@ 变量名> <变量类型>［,<@ 变量名> <变量类型> …]
```

局部变量可以使用 SELECT 或 SET 语句来赋值，其中 SET 语句一次只能给一个局部变量赋值，SELECT 语句可以同时给一个或多个局部变量赋值。SELECT 语句赋值语法如下：

```
SELECT <@ 局部变量> = <变量值>
```

例 2-1　定义一个长度为 10 的字符串变量 name 并赋值。

```
DECLARE @ name VARCHAR(10)
SELECT @ name = '张三'
```

25

（4）输出语句

向客户端返回一个用户自定义的信息，即显示一个字符串、局部变量或全局变量的内容。

```
PRINT <文本串>|<@局部变量>|<@@函数>|<字符串表达式>
```

例2-2 用 PRINT 显示变量并生成字符串。

```
DECLARE @ x CHAR(10)
SET @ x = 'LOVING'
PRINT @ x
PRINT'最喜爱的歌曲是：' + @ x
```

（5）常用算术符

1）算术运算符。所有数字类型数据都可以进行如表 2-1 中所表示的五种算术运算。

2）比较运算符。用来测试两个表达式是否相同。比较运算符及其含义见表 2-2。

表 2-1　算术运算符及其含义

算术运算符	含义
+（加）	加法
－（减）	减法
*（乘）	乘法
/（除）	除法
%（模）	求余数

表 2-2　比较运算符及其含义

比较运算符	含义
=	等于
>	大于
<	小于
> =	大于或等于
< =	小于或等于
< >	不等于

3）逻辑运算符。逻辑运算符是对某个条件进行测试，以获得其真值情况。逻辑运算符运算结果返回带有 TRUE 或 FALSE 值的布尔数据类型。逻辑运算符及其含义见表 2-3。

表 2-3　逻辑运算符及其含义

逻辑运算符	含义
OR	如果两个布尔表达式中的一个为 TRUE，那么就为 TRUE
AND	如果两个布尔表达式都为 TRUE，那么就为 TRUE
NOT	对任何其他布尔运算符的值取反

（6）注释

1）ANSI 标准的注释符"－－"，其用于单行注释。

2）与 C 语言相同的程序注释符号"/ * … * /"，其用于在程序中的多行注释。

（7）常用系统函数

常用系统函数见表 2-4。

表2-4　常用系统函数

函数类型	函数表达式	功能	应用举例
字符串函数	SUBSTRING（表达式，起始位置，长度）	取子串	SUBSTRING（'ABCDEFG'，3，4）
	RIGHT（表达式，长度）	右边取子串	RIGHT（'ABCDEF'，3）
	STR（浮点数［，总长度［，小数位］］）	数值型转换字符型	STR（234.5678，6，2）
	LTRIM（表达式）、RTRIM（表达式）	去左、右空格	LTRIM（SNO），SNO 为字段名
	CHARINDEX（子串，母串）	返回子串起始位置	CHARINDEX（'AD'，'HAADYU'）
类型转换函数	CONVERT（数据类型［（长度）］，表达式［，日期转字符串样式］），1：mm/dd/yy，5：dd－mm－yy，11：yy－mm－dd，23：yyyy－mm－dd	表达式类型转换	CONVERT（varchar（100），GETDATE（），1），当前日期转换为字符串
	CAST（表达式 AS 数据类型［（长度）］）	表达式类型转换	CAST（23 AS nvarchar），数值转字符串
数值函数	ABS（表达式）	取绝对值	ABS（－25.7＊2）
	POWER（底，指数）	底的指数次方	POWER（6，2）
	RAND（［整型数］）	随机数产生器	RAND（1）
	ROUND（表达式，精度）	按精度四舍五入	ROUND（24.2367，2）
	SQRT（表达式）	算术平方根	SQRT（10）
日期函数	GETDATE（）	当前的日期和时间	GETDATE（）
	DAY（表达式）	表达式的日期值	DAY（GETDATE（））
	MONTH（表达式）	表达式的月份值	MONTH（GETDATE（））
	YEAR（表达式）	表达式的年份值	YEAR（GETDATE（））
	DATEADD（标志，间隔值，日期），YY：年份，MM：月份，DD：日	日期间隔后的日期	DATEADD（MM，2，GETDATE（）），两个月后的日期
	DATEDIFF（标志，日期1，日期2）	日期2 与日期1 的差	DATEDIFF（YY，BIRTHDAY，GETDATE（）），计算年龄
统计函数（参数默认 ALL）	AVG（ALL｜DISTINCT 列名）	取均值	AVG（AGE）
	COUNT（ALL｜DISTINCT 列名）	行数	COUNT（DISTINCT AGE）
	MAX（ALL｜DISTINCT 列名）	最大值	MAX（AGE）
	MIN（ALL｜DISTINCT 列名）	最小值	MIN（AGE）
	TOTAL（ALL｜DISTINCT 列名）	总和	SUM（AGE）

【知识储备 2.2】 SQL Server 数据库概述

数据库的存储结构分为逻辑存储结构和物理存储结构两种。

数据库的逻辑存储结构是指数据库是由哪些性质的信息所组成。实际上，SQL Server 的数据库是由诸如表、视图、索引等各种不同的数据库对象所组成。

数据库的物理存储结构是讨论数据库文件是如何在磁盘上存储的。数据库在磁盘上是以文件为单位存储的。SQL Server 2019 将数据库映射为一组操作系统文件，每个数据库文件至少要包含一个数据文件和一个日志文件。数据文件又可分为主数据文件和辅助数据文件。

1. 数据库文件类型

在 SQL Server 中，数据库是由数据文件和事务日志文件组成的，一个数据库至少应包含一个数据文件和一个事务日志文件。

（1）主数据文件

主数据文件是数据库的起点，其中包含数据库的初始信息，记录数据库所拥有的文件指针。每个数据库有且仅有一个主数据文件，这是数据库必需的文件。主数据文件的扩展名是 .mdf。

（2）辅助数据文件

除主数据文件以外的所有其他数据文件都是辅助数据文件。辅助数据文件存储主数据文件未存储的所有其他数据和对象，它不是数据库必需的文件。当一个数据库需要存储的数据量很大时，可以用辅助数据文件来保存主数据文件无法存储的数据。辅助数据文件的扩展名是 .ndf。设置辅助数据文件的好处：一是采用主、辅数据文件来存储数据可以无限制地扩充而不受操作系统文件大小的限制；二是可以将文件保存在不同的硬盘上，提高了数据处理的效率。

数据文件是 SQL Server 2019 中实际存放所有数据库对象的地方。正确设置数据文件是创建 SQL Server 数据库过程中最为关键的一个步骤，一定要仔细处理。由于所有的数据库对象都存放在数据文件中，所以，数据文件的容量要仔细斟酌。设置数据文件容量的时候，一方面要考虑到未来数据库使用中可能产生的对数据容量的需求，以便为后来增加存储空间留有余地。但另一方面，由于越大的数据文件就需要 SQL Server 腾出越多的空间去管理它，因此，数据文件也不宜设置过大。

（3）事务日志文件

在 SQL Server 中，每个数据库至少拥有一个自己的日志文件，也可以拥有多个日志文件。日志文件最小是 1MB，用来记录所有事务以及每个事务对数据库所做的修改。日志文件的扩展名是 .ldf。

在创建数据库的时候，日志文件也会随之被创建。如果系统出现故障时，常常需要使用事务日志将数据库恢复到正常状态。这是 SQL Server 的一个重要的容错特性，它可以有效地防止数据库的损坏，维护数据库的完整性。用于恢复数据库所需要的事务日志信息。

2. 数据库文件组

为了更好地实现数据文件的组织，引入文件组的概念，即可以把各个数据文件组成一个组，对它们的整体进行管理。通过设置文件组，可以有效地提高数据库的读写速度。例如：有三个数据文件分别存放在三个不同的物理驱动器上（C 盘、D 盘、E 盘），将这三个文件组成一个文件组。在创建表时，可以指定将表创建在文件组上，这样该表的数据就可以分布

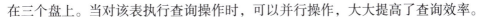

在三个盘上。当对该表执行查询操作时，可以并行操作，大大提高了查询效率。

（1）主文件组

主文件组是包含主要文件的文件组。所有系统表和没有明确分配给其他文件组的任何文件都被分配到主文件组中，一个数据库只有一个主文件组，最小3MB。

（2）用户定义文件组

用户定义文件组是用户首次创建数据库时，或修改数据库时自定义的，其目的是为了将数据存储进行合理的分配，以提高数据的读写效率。

（3）默认文件组

每个数据库中均有一个文件组被指定为默认文件组。如果在数据库中创建对象时没有指定对象所属的文件组，对象将被分配给默认文件组。在任何时候，只能将一个文件组指定为默认文件组。

【任务】 数据库的创建与管理

◉ 任务导入

某学校为了对学生信息进行有效管理，需要建立一个学生管理系统。而创建学生管理系统的一项重要工作就是建立学生管理数据库。我们的任务就是按照需要建立一个名为Student的学生管理数据库。

🔍 任务描述

创建数据库就是为数据库确定名称、大小、存放位置、文件名的过程。具体任务如下：

1）创建一个名为Student的学生管理数据库，并为它创建一个主数据文件Student.mdf和一个日志文件Student_log.ldf，存放在D盘指定文件夹（该文件夹应事先创建）下，主数据文件初始大小是3MB，增长比例为10%，文件大小不受限制，日志文件的初始大小为1MB，最大为100MB，增长量为1MB。

2）向学生管理数据库增加一个数据文件，文件名为Student_Data2.ndf，初始大小为5MB，最大为50MB，每次自动增长5MB，该文件也存放在D盘指定文件夹下。

3）添加数据库空间。

4）删除学生管理数据库中的数据文件Student_Data2.ndf。

5）查看Student数据库的属性，注意观察该数据库的所有者及所包含的数据库文件和事务日志文件的设置。

🔅 任务实施

1. 创建数据库

打开SQL Server Management Studio的【数据库】目录，可以看到SQL Server 2019中的系统数据库和数据库快照。在开发应用程序时，用户应创建一个新的数据库，这样便于维护和调用。创建数据库的过程实际上就是为数据库设计名称、定义数据库所占用的存储空间和数据库存放位置的过程。

创建数据库通常有两种方式：一种是使用 SSMS 创建，另一种是使用 T‑SQL 语句创建。

（1）使用 SSMS 工具创建数据库

在创建数据库之前应考虑好谁将成为数据库的拥有者、数据库的名称、数据库的大小，以及数据库文件存放的位置等。

1）将【对象资源管理器】窗口的树形结构展开，选择【数据库】并右击，在弹出的快捷菜单中选择【新建数据库】命令，如图 2-1 所示。

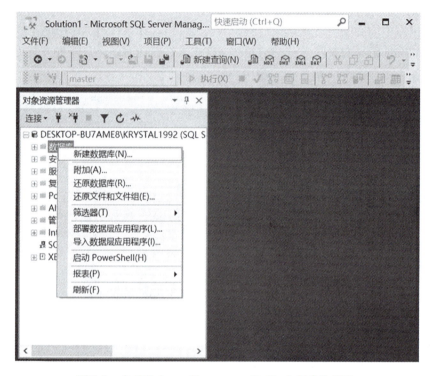

图 2-1   在 SQL Server Management Studio 中创建数据库

2）【新建数据库】窗口有【常规】、【选项】、【文件组】三个选项卡，在【常规】选项卡上的【数据库名称】文本框中输入数据库的名称"Student"，系统自动生成数据文件 Student. mdf 和日志文件 Student_log. ldf，并设定了文件类型、初始大小、自动增长/最大文件大小和路径，如图 2-2 所示。数据文件和日志文件的初始大小、自动增长方式和存储路径都是可以改变的，其中数据文件和日志文件的存储路径默认保存在 Microsoft SQL Server 的"MSSQL\data"文件夹下，如果需要存放在指定的文件夹下，如"D：\SQL"，则需要事先建立该文件夹，然后单击存储路径的【...】按钮，从中进行选择。修改 Student 数据库的自动增长设置如图 2-3 所示。

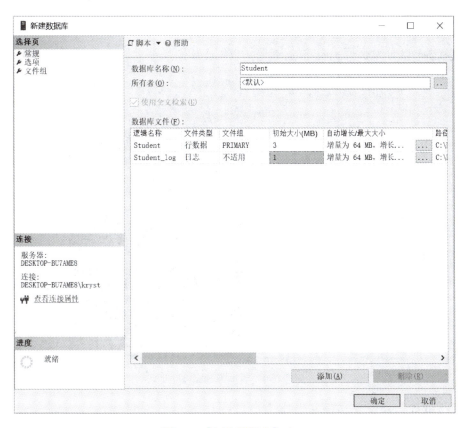

图2-2 【新建数据库】窗口

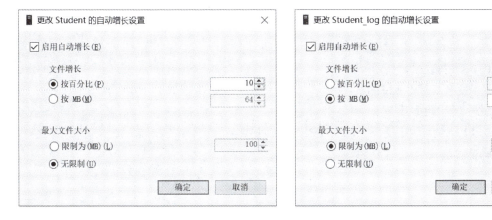

图2-3 更改 Student 数据库的自动增长设置

 说明

所有的数据文件都会拥有两个文件名，即逻辑文件名和物理文件名。逻辑文件名是在 T－SQL 语句中引用数据库文件时所使用的名称。系统生成的数据文件即为逻辑文件名，在数据库中逻辑文件名必须是唯一的。物理文件名是包括路径在内的数据库文件名（在

Windows 操作系统中使用）。

3）单击【确定】按钮，在【数据库】的树形结构中可以看到新建的数据库 Student。数据库的名称不区分大小写。创建的 Student 数据库如图 2-4 所示。

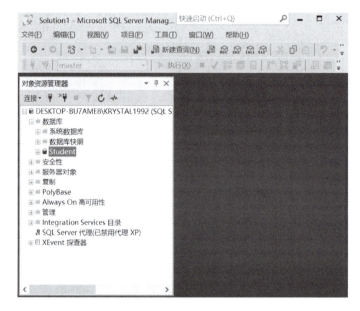

图 2-4　数据库 Student

（2）使用 T‑SQL 语句创建数据库

CREATE DATABASE 语句是 T‑SQL 创建数据库的方法。语法如下：

```
CREATE DATABASE <数据库名>
ON
{[PRIMARY]
(NAME = <逻辑文件名>
FILENAME = <物理文件名>
[,SIZE = <初始大小>]
[,MAXSIZE = {<文件最大长度>|UNLIMITED}]
[,FILEGROWTH = <文件增长幅度>])
}[,…n]
LOG ON
{[PRIMARY]
(NAME = <逻辑文件名>,
FILENAME = <物理文件名>
[,SIZE = <初始大小>]
[,MAXSIZE = {<文件最大长度>|UNLIMITED}]
[,FILEGROWTH = <文件增长幅度>])
}[,…n]
```

说明

1）<数据库名>：新建数据库的名称，可长达 128 个字符。

2）ON：指定显式定义，用来存储数据库数据部分的磁盘文件（数据文件）。

3）PRIMARY：在主文件组中指定文件。

4）LOG ON：用来存储数据库日志的磁盘文件（日志文件）。

5）NAME：用来定义数据库的逻辑名称，这个逻辑名称用来在 T_SQL 代码中引用数据库。

6）FILENAME：用于定义数据库文件在硬盘上的存放路径与文件名称。这必须是本地目录（不能是网络目录），并且不能是压缩目录。

7）SIZE：用来定义数据文件的初始大小。如果没有为主数据文件指定大小，那么 SQL Server 将创建与 model 系统数据库相同大小的文件。如果没有为辅助数据库文件指定大小，那么 SQL Server 将自动为该文件指定 1MB 大小。

8）MAXSIZE：用于设置数据库允许达到的最大长度，也可以为 UNLIMTED，或者省略整个子句，使文件可以无限制增长，直至磁盘被充满为止。SQL Server 中，规定日志文件可增长的最大长度为 2TB，而数据文件的最大长度为 16TB。

9）FILEGROWTH：用来定义文件增长所采用的递增量或递增方式。他可以使用 KB、MB 或百分比（%）为计量单位。如果没有指定这些符号之中的任一符号，则默认 MB 为计量单位。

下面使用 CREATE DATABASE 语句创建数据库，具体操作如下：

1）在工具栏单击【新建查询】按钮，系统弹出 SQL 编辑器窗口，开始输入 T‑SQL 语句。

2）输入结束后，单击工具栏中的【√】按钮，检查语法是否有错误，如果检测通过，在结果窗口中将显示"命令已成功完成"提示信息。

3）单击【执行】按钮，则 SQL 编辑器提交 T‑SQL 语句，然后发送到服务器，并返回执行结果。在查询窗口中会看到相应的提示信息。刷新【对象资源管理器】后可以看到已建立的数据库。

训练 2-1 在查询编辑器窗口中创建 Student 数据库。

在查询编辑器中输入以下语句，执行结果如图 2-5 所示。

```
CREATE DATABASE Student
ON PRIMARY
 （NAME = Student,
FILENAME = 'D:\SQL\Student.mdf',
SIZE = 3MB,
FILEGROWTH = 10%
）
LOG ON
```

```
( NAME = Student_log,
FILENAME = 'D:\SQL\Student_log.ldf',
SIZE = 1MB,
MAXSIZE = 100MB,
FILEGROWTH = 1MB
)
```

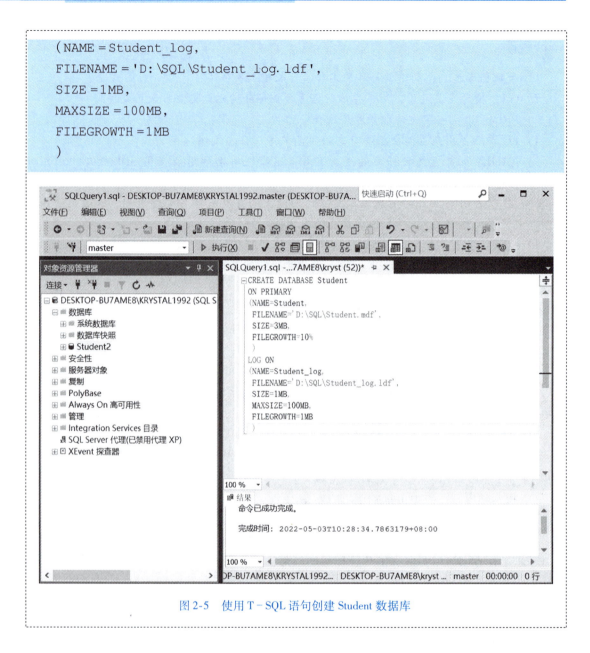

图 2-5　使用 T－SQL 语句创建 Student 数据库

2. 修改数据库

用 USE 语句可以完成不同数据库之间的切换，语句格式如下：

```
USE <数据库名>
```

创建数据库后，可以对数据库进行修改，通常包括给数据库新增辅助数据文件或事务日志文件；添加已存在的数据文件或事务日志文件空间；删除数据文件或事务日志文件。

T－SQL 提供了修改数据库的语句 ALTER DATABASE。

（1）添加数据库空间

使用 T‑SQL 增加已有数据库文件的大小，语句格式如下：

```
ALTER DATABASE <数据库名>
MODIFY FILE
(NAME = <逻辑文件名>,
SIZE = <文件大小>,
MAXSIZE = <增长限制>
)
```

训练 2‑2　使用 ALTER DATABASE 语句将 Student 数据库中的主数据文件大小更改为 10MB。

在查询编辑器中输入以下语句，执行效果图如图 2-6 所示。

```
ALTER DATABASE Student
MODIFY FILE
(NAME = Student,
SIZE = 10MB)
```

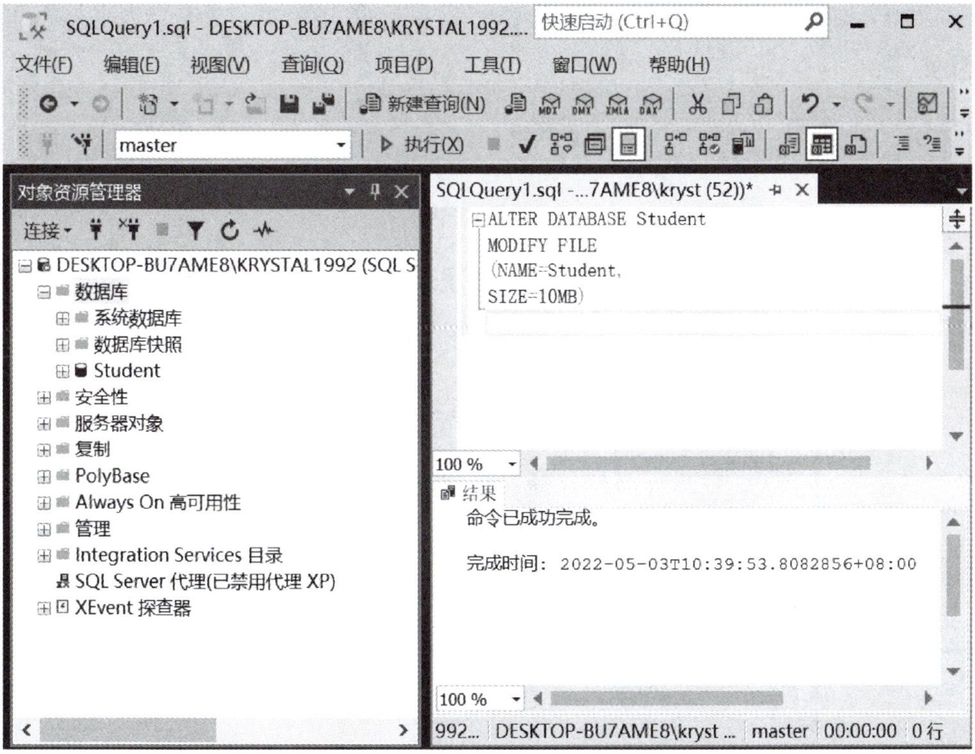

图 2-6　使用 T‑SQL 语句添加数据库空间

（2）添加数据库文件

使用 T‐SQL 语句增加数据库文件的数目，语句格式如下：

```
ALTER DATABASE <数据库名>
ADD FILE |ADD LOG FILE
(NAME = <逻辑文件名>,
FILENAME = <物理文件名>,
SIZE = <文件大小>,
MAXSIZE = <增长限制>,
FILEGROWTH = <文件增长幅度>
)
```

训练 2-3　使用 ALTER DATABASE 语句为 Student 数据库增加一个数据文件，文件名为 Student_Data2. ndf。

在查询编辑器中输入以下语句，执行效果图如图 2-7 所示。

```
ALTER DATABASE Student
ADD FILE
(NAME = Student_Data2,
FILENAME = 'D:\SQL\Student_Data2.ndf',
SIZE =5MB,
MAXSIZE =50MB,
FILEGROWTH =5MB
)
```

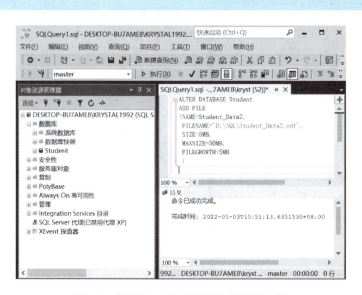

图 2-7　使用 T‐SQL 语句添加数据库文件

36

（3）删除数据库文件

使用 ALTER DATABASE 的 REMOVE FILE 子句，可以删除指定的文件。语句格式如下：

```
ALTER DATABASE <数据库名>
REMOVE FILE <逻辑文件名>
```

训练 2-4 使用 ALTER DATABASE 语句将 Student 数据库中的文件 Student_Data2. ndf 删除。

在查询编辑器中输入以下语句，执行效果图如图 2-8 所示。

```
ALTER DATABASE Student
REMOVE FILE Student_Data2
```

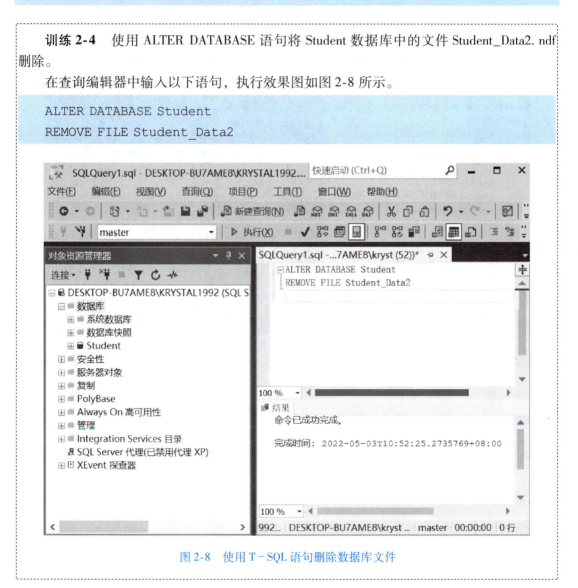

图 2-8 使用 T−SQL 语句删除数据库文件

3. 删除和更名数据库

当不再需要一个数据库时可以将其删除。删除数据库会从磁盘中删除所有数据库文件和所有数据。

（1）使用 SSMS 工具删除数据库

1）在【对象资源管理器】窗口中展开【数据库】选项，右击【Student】选项，在弹出的快捷菜单中选择【删除】命令，如图2-9所示。

2）在弹出的【删除对象】窗口中单击【确定】按钮，即可删除数据库。数据库删除成功后，在【对象资源管理器】中将不会出现被删除的数据库。

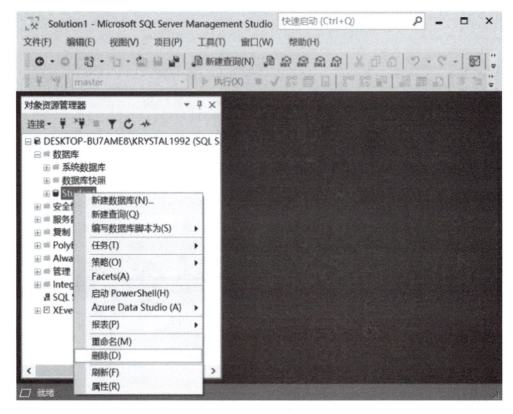

图2-9　删除Student数据库

（2）使用T-SQL语句删除数据库

DROP DATABASE语句是T-SQL删除数据库的方法，但是使用DROP DATABASE语句时需要非常慎重，因为系统不会给出确认删除信息。语法如下：

```
DROP DATABASE 数据库名
```

训练2-5　使用DROP DATABASE语句删除Student数据库。

在查询编辑器中输入以下语句，执行效果图如图2-10所示。

```
DROP DATABASE  Student
```

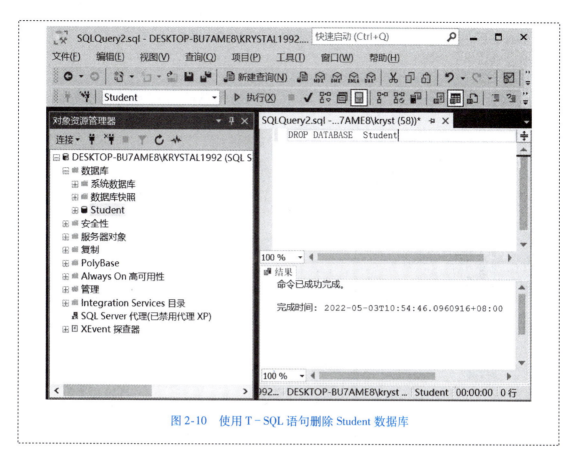

图 2-10 使用 T‒SQL 语句删除 Student 数据库

 说明

1）系统数据库不能删除。

2）正在使用的数据库不能删除。

3）一旦删除数据库，数据库中的文件及其数据都会被永久删除，所以删除数据库时一定要谨慎。

（3）数据库更名

在修改数据库名称之前，应该确保没有用户使用该数据库。

当使用系统存储过程 sp_renamedb 修改数据库的名字时，语法如下：

```
sp_renamedb 原数据库名,新数据库名
```

当使用 ALTER DATABASE 修改数据库名称时，语法如下：

```
ALTER DATABASE <数据库名>
MODIFY NAME =新数据库名
```

训练 2-6 使用 ALTER DATABASE 语句修改数据库名称 Student 为 Stu。

在查询编辑器中输入以下语句，执行效果图如图 2-11 所示。

```
ALTER DATABASE Student
MODIFY NAME = Stu
```

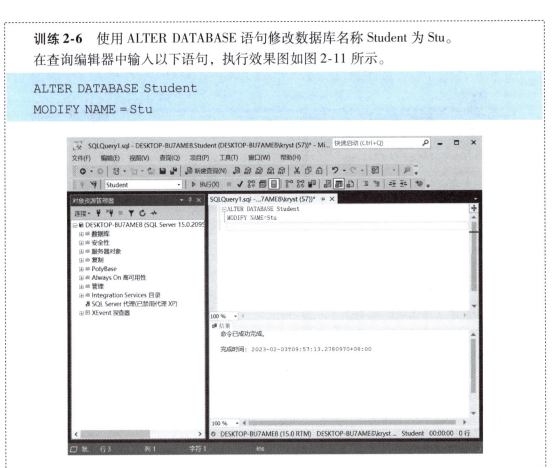

图 2-11　使用 T－SQL 语句修改数据库名称

【同步实训】　创建图书管理数据库

1. 实训目的

1）熟悉 SSMS 工具的使用。

2）学会使用 T－SQL 语句创建数据库。

3）学会使用 T－SQL 语句修改数据库。

2. 实训内容

1）创建图书管理数据库 tsgl，数据库物理文件存放在"D:\testdb"文件夹下，其他要求见表 2-5。

表 2-5　创建图书管理数据库具体要求

文件	名称	初始大小	最大容量	增长方式	文件名
主数据文件	tsgl	3mb	不限制	2mb	tsgl. mdf
事务日志文件	tsgl_log	2mb	512mb	15%	tsgl_log. ldf

2）为图书管理数据库添加事务日志文件，文件名为 tsgl_log1.ldf，初始大小为5MB，最大容量为10MB，文件增量为1MB。

3）修改主数据文件的初始大小为6MB。

4）删除事务日志文件 tsgl_log1.ldf。

【拓展活动】

你了解鸿蒙操作系统吗？谈谈你对中国技术创新突破的感受，和自己今后的努力方向。

【单元小结】

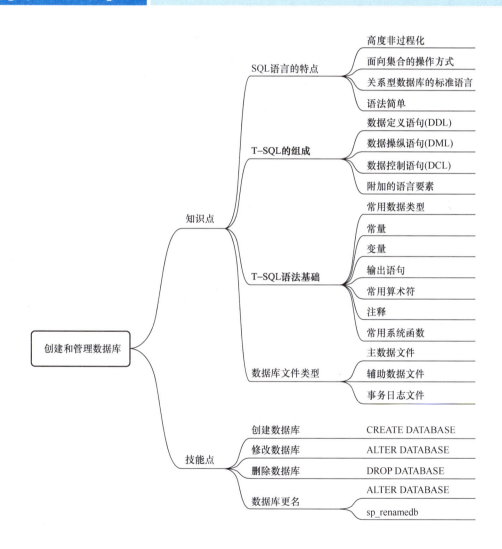

【思考与练习】

一、选择题

1. 下列哪个数据库文件对创建和正常使用数据库是必不可少的（   ）。

A. 日志文件　　　　　　　　　　　　B. 主数据文件

C. 辅助数据文件　　　　　　　　　　D. 安装程序文件

2. 在 SQL Server 2019 中，事务日志文件的后缀是（   ）。

A. .mdf　　　　　B. .ndf　　　　　C. .ldf　　　　　D. .mdb

3. SQL Server 默认的系统管理员是（   ）。

A. user　　　　　B. me　　　　　C. owner　　　　　D. sa

4. SQL Server 所采用的 SQL 称为（   ）。

A. A‑SQL　　　　B. T‑SQL　　　　C. S‑SQL　　　　D. C‑SQL

5. 对应于三种类型的数据库文件，SQL Server 建议采用的文件扩展名是（   ）。

A. .mdf，.ndf，.ldf　　　　　　　B. .mdf，.cdf，.idf

C. .cdf，.ndf，.idf　　　　　　　D. .cdf，.idf，.ldf

二、填空题

1. T‑SQL 分为 4 类：_____、_____、_____和_____。

2. SQL Server 2019 中，对于暂时不用的数据库可将其_____，以减轻服务器的负担。

3. SQL Server 是一个大型的_____数据库管理系统。

4. 默认状态下，数据库文件存放在"\MSSQL\data\"目录下，主数据文件名的保存形式是_____，日志文件名的形式是_____。

5. 在 SQL Server 2019 中，创建数据库使用的 T‑SQL 语句是_____，删除数据库使用的 T‑SQL 语句是_____。

三、简答题

1. 什么是主数据文件和辅助数据文件？

2. 数据库的事务日志文件有什么作用？

单元3

创建和维护数据表

🔍 知识目标

➤ 熟悉表、实体完整性、参照完整性、域完整性和用户自定义完整性概念。

➤ 理解约束的作用和各种约束的使用方法。

➤ 掌握 CREATE TABLE、ALTER TABLE 和 DROP TABLE 等数据表维护语句。

➤ 熟悉 T－SQL 语句中的 INSERT、UPDATE、DELETE 语句的语法。

🔷 技能目标

➤ 能够使用 SQL Server Management Studio 创建数据表并对其进行维护。

➤ 能够使用 CREATE TABLE、ALTER TABLE 和 DROP TABLE 等 T－SQL 语句进行表的创建、修改和删除操作。

➤ 能够熟练使用 T－SQL 语句向表中插入数据、更新数据表数据和删除数据表数据。

➤ 能够分析并建立表之间的关系。

➤ 会在数据表上创建和删除约束。

【知识储备】 维护数据完整性 ⚙️

1. 数据的完整性

关系模型中有 4 类完整性约束：实体完整性、参照完整性、域完整性和用户自定义完整性。

（1）实体完整性

一个基本关系通常对应现实世界的一个实体集。现实世界中的实体是可区分的，即它们具有某种唯一性标识。例如，学生信息表中，学号是唯一的，重复的学号必将造成学生信息的混乱。

SQL Server 中提供了主键约束和唯一性约束来维护实体完整性。

（2）参照完整性

现实世界中的实体之间往往存在某种联系，在关系模型中实体与实体间的联系是用关系来描述的，这样就自然存在着关系与关系间的引用。参照完整性就是涉及两个或两个以上关系的一致性维护。比如，在学生管理数据库中，学生成绩表通过学号和课程编号将这条成绩记录和其所涉及的学生及课程联系起来，其中学号必须在学生信息表中存在，课程编号也必须在课程信息表中存在，否则，这条成绩记录就等于引用了一个不存在的学生或课程，这样的数据是没有意义的。

SQL Server 中提供了主键和外键约束来维护参照完整性。

（3）域完整性

域完整性是对表中某些数据域值使用的数的有效性的验证限制，它反映了业务的规则。例如，学生成绩表中学生的成绩必须大于或等于 0。

SQL Sever 中提供了检查约束等来维护域完整性。

（4）用户自定义完整性

实体完整性、参照完整性和域完整性适用于任何关系数据库系统。除此之外，不同的关系数据库系统根据其应用环境的不同，往往还需要一些特殊的约束条件。用户自定义的完整性就是针对某一具体关系数据库的约束条件，它反映某一具体应用所涉及的数据必须满足的语义要求。

2. 数据完整性的实现

在 SQL Server 中，可以通过建立"约束"来实现数据完整性，约束是对列进行限制的规则，以确保输入数据的一致性和正确性。

约束包括 5 种类型：主键（PRIMARY KEY）约束、唯一性（UNIQUE）约束（允许有空值）、检查（CHECK）约束、默认值（DEFAULT）约束和外键（FOREIGN KEY）约束。

（1）主键（PRIMARY KEY）约束

主键用于唯一标识表中每一条记录。用户可以定义表中的一列或多列为主键。在表中，绝不允许有主键相同的两行存在，该列也不能为空值。为了有效实现数据的管理，每张表都应该有自己的主键，且只能有一个主键。

（2）外键（FOREIGN KEY）约束

外键约束主要用来维护两个表之间的一致性关系。外键主要是通过将一个表 A 中的主键所在列包含在另一个表 B 中建立的，这些列就是表 B 的外键。可以称表 A 为主键表（或父表），表 B 为外键表（或子表）。例如，学生成绩表中的学号应与学生信息表中的学号相关，该列是学生成绩表的外键。当数据添加、修改或删除时，通过外键约束保证它们之间数据的一致性。

在创建外键约束时，必须满足以下三个条件：

1）父表中被引用列与子表中的外键列的数据类型和长度必须保持一致。

2）父表中被引用的列必须是主键约束或唯一性约束。

3）若删除父表中被引用列的某条记录，则必须先删除外键约束。

（3）唯一性（UNIQUE）约束

唯一性约束是用来限制不受主键约束的列上的数据的唯一性，一个表中可以建立多个 UNIQUE 约束。

唯一性约束和主键约束的区别：唯一性约束主要作用在非主键的一列或多列上；唯一性约束允许在该列上存在空值；而主键约束限制更为严格，不但不允许有重复，而且也不允许有空值。

与主键约束一样，设置了唯一性约束的列也可以被外键约束所引用。

（4）检查（CHECK）约束

检查约束可以用于限制列上可以接受的数据值，依次检查每一个要进入数据库的数据，只有符合条件的数据才允许通过。

检查约束通过使用逻辑表达式来限制列上可以接受的值。例如，要限制学生信息表中的学生年龄必须大于 15 岁，就可以在年龄上设置一个检查约束，满足指定逻辑表达式的数据才能被数据库接受。

（5）默认值（DEFAULT）约束

默认值约束是用来给表中某列赋予一个常量值（默认值），当向该表插入数据时，如果用户没有明确给出该列的值，SQL Server 会自动为该列输入默认值。每列只能有一个 DEFAULT 约束。

【任务3.1】 数据库中表的创建、修改与删除

任务导入

在上一个单元中，已经建立了一个名为 Student 的学生管理数据库。通常一个数据库是由若干个相互关联的数据表组成的，这些表分别存储不同的数据。因此，为了完成整个数据库的建立工作，还需要在建立数据库的基础上，进一步建立数据表。而建立数据表实际上主要做的是创建表结构，包括确定表的数据项（字段）、字段的类型、数据长度、小数位数等。

任务描述

创建 Student 学生管理数据库中的 3 个表。

1）创建学生信息表 S，将学号设置为主键，表结构见表 3-1。

表 3-1　学生信息表 S

列名	数据类型	长度	允许空值	说明	列名含义
SNO	CHAR	9	×	主键	学号
SNAME	CHAR	16	×		姓名
SEX	CHAR	2	√		性别
AGE	INT		√		年龄
SDEPT	VARCHAR	30	√		系别

2）创建课程信息表 C，将课程编号设置为主键，表结构见表 3-2。

表 3-2　课程信息表 C

列名	数据类型	长度	允许空值	说明	列名含义
CNO	CHAR	4	×	主键	课程编号
CNAME	VARCHAR	50	×		课程名称
CREDIT	INT		√		学分

3）创建学生成绩表 SC，将学号和课程编号设置为主键，表结构见表 3-3。

表 3-3　学生成绩表 SC

列名	数据类型	长度	允许空值	说明	列名含义
SNO	CHAR	9	×	主键	学号
CNO	CHAR	4	×	主键	课程编号
GRADE	INT		√		成绩

任务实施

1. 创建表

数据库创建以后，则需要创建数据表来存储数据，表是一种重要的数据库对象。在关系数据库中，每一个关系都体现为一张表。

在数据库中，表是由数据按照一定的顺序和格式构成的数据集合。每一行代表一条记录，每一列代表记录的一个字段（属性值）。例如，一个包含学生基本信息的数据表，表中每一行代表一名学生，每一列分别代表该学生的信息，如学号、姓名、性别等。

创建表的过程是数据库物理实施中最关键的一步。通常，创建一个表需要注意以下事项：

1）表中包含多少列。
2）表中每列需要什么数据类型以及长度。
3）哪些列允许空值（NULL 值）。
4）哪些是主键，哪些是外键。

5）是否需要使用约束以及何处使用约束。

表的创建是使用表的前提。SQL Server 除了可以使用 T－SQL 语句来创建和修改之外，在 SSMS 中还为用户提供了方便的图形化工具来创建和修改表。

（1）使用 SSMS 工具创建数据表

以在 Student 学生管理数据库中创建学生信息表 S 为例，在 SSMS 中创建数据表的步骤如下：

1）选择要创建表的数据库，这里选择 Student。

2）在数据库 Student 的展开列表中选择【表】，并用鼠标右击，从弹出的快捷菜单中选择【新建】→【表】命令，如图 3-1 所示。

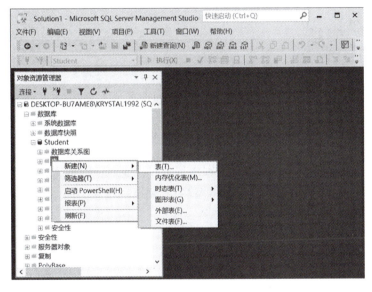

图 3-1　新建表

3）在出现的表设计器窗口中设置表，如图 3-2 所示，操作方法如下：

在【列名】栏中输入字段名称"SNO"，列名必须遵循标识符规则，在一个表中必须唯一。在起列名时，最好要"见名知义"。

在【数据类型】栏中选择"char"。

在列属性窗格的【长度】栏中指定字段的长度为9。注意，有些数据类型如整数和日期型数据长度是固定的，不用进行长度修改。在列属性窗口中可以对每一列的具体属性进行设置，包括该列的各种约束，如主键约束、默认值约束等。

在【允许 Null 值】栏中设置该字段是否允许空值。如果某列的取值可以为 Null，则设置该列【允许 Null 值】的标识为"√"，否则不标记。Null（空值）意味着数据尚未输入，它与 0 或长度为零的空字符串（"）的含义不同。比如，学生成绩表 SC 中某一学生某一课程的成绩为空值并不表示该学生没有成绩，而是表示该学生该门课程还未考试。如果表中的某一列必须有值才能使记录有意义，那么可以指明该列不允许取空值，即 NOT NULL。比如，课程信息表 C 中课程的名称列就应该设置为不允许为空，因为课程名称是课程基本情况中很重要的一个信息。

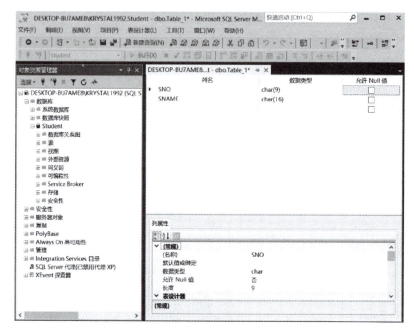

图 3-2　创建表

在设计表的过程中，要从多角度考虑列值是否允许为空，既不能将所有列全部设置为空（因为这样会使得表中存在空记录），又不能将所有列全部设置为非空（因为这样会在添加、修改数据的时候必须保证每列都有值）。

按上述方法重复设置表的其他几个字段。

4）保存表。如图 3-3 所示，右击【表设计器】选项卡，在弹出的快捷菜单中选择【保存（S）Table_1】，系统弹出保存对话框。

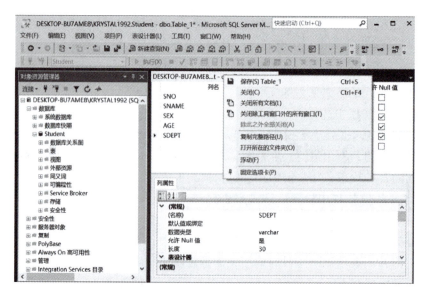

图 3-3　保存表

5）然后在弹出的对话框中输入表名"S"，单击【确定】按钮，则该表就被保存到数据库 Student 中。

（2）使用 T‐SQL 语句创建数据表

利用 CREATE TABLE 语句可以创建数据表，该语句的常用格式如下：

```
CREATE TABLE <表名>
(
<列名1> <数据类型> <列级完整性约束>
[,… n]
<表级完整性约束>
[,… n]
)
[ON <filegroup>|<"default">]
```

参数说明

<表名>：在当前数据库中新建的表名称。

ON <filegroup> <"default">：指明存储表的文件组。如果省略了该句或选择 DE-FAULT 选项，则新建的表将存储在默认的文件组中。

训练3-1　使用 T‐SQL 语句创建学生信息表 S。

在查询编辑器中输入以下语句，执行效果图如图 3-4 所示。在数据库 Student 的展开列表中选择【表】，并用鼠标右击，展开【表】，即可看到创建的学生信息表 S。

```
USE Student
CREATE  TABLE S
(
SNO CHAR(9)PRIMARY KEY ,
SNAME CHAR(16)NOT NULL,
SEX CHAR(2)NULL,
AGE INT NULL,
SDEPT VARCHAR(30)NULL
)
```

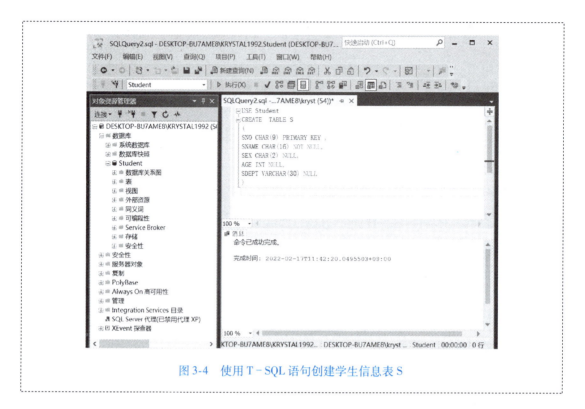

图 3-4 使用 T‑SQL 语句创建学生信息表 S

2. 修改表

（1）使用 SSMS 工具修改表

利用 SSMS 修改表的方法与创建表的方法一样，如图 3-5 所示，在快捷菜单中选择【设计】，即可修改表。

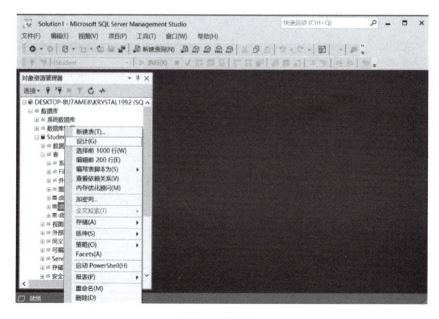

图 3-5 修改表

（2）使用 T－SQL 语句修改表

利用 ALTER TABLE 语句可以更改原有表的结构，该语句的常用格式如下：

```
ALTER TABLE <表名>
[ALTER COLUMN <列名> <列定义>]
    |[ADD <列名> <数据类型> <约束>[,… n]]
    |[DROP COLUMN <列名>[,… n]]
    |[ADD CONSTRAINT <约束名> <约束>[,… n]]
 |[DROP CONSTRAINT <约束名>[,… n]]
```

🔍 **参数说明**

<表名>：所要修改的表的名称。

<列名>：要修改的字段名。

ALTER COLUMN：修改列的定义子句。

ADD：增加新列或约束子句。

DROP：删除列或约束子句。

训练3-2 使用 T－SQL 语句将学生信息表 S 中的 SNAME 数据类型改为 VARCHAR，长度为20。

```
USE Student
ALTER TABLE S
ALTER COLUMN SNAME VARCHAR(20)
```

训练3-3 使用 T－SQL 语句为学生信息表 S 添加列 CLASS（班级），数据类型改为 VARCHAR，长度为20，且不能为空。

```
USE Student
ALTER TABLE S
ADD CLASS VARCHAR(20)NOT NULL
```

训练3-4 使用 T－SQL 语句删除学生信息表 S 中的列 CLASS。

```
USE Student
ALTER TABLE S
DROP COLUMN CLASS
```

---

3. 删除表

（1）使用 SSMS 工具删除表

使用 SSMS 删除表的方法是选中要删除的表右击，在弹出的快捷菜单中选择【删除】命令，打开【删除对象】窗口。如果想查看该表删除后对数据库的哪些对象产生影响，可以单击【显示依赖关系】按钮，查看与该表有依赖关系的数据库对象。如果确定要删除该表，则单击【确定】按钮来完成对表的删除，如图 3-6 所示。

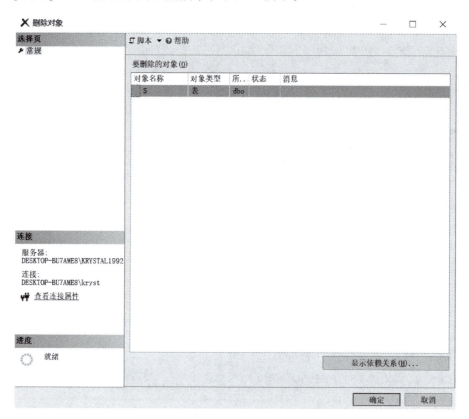

图 3-6 【删除对象】窗口

（2）使用 T - SQL 语句删除表

利用 DROP TABLE 语句可以删除数据表，基本格式如下：

```
DROP TABLE <表名>
```

其中，<表名>为所要删除的表的名称。

训练 3-5 使用 T - SQL 语句删除学生信息表 S。

```
USE Student
DROP TABLE S
```

【任务3.2】　实施数据完整性

任务导入

在设计表时应该考虑对哪些列进行约束设置以达到数据完整性的目的,所谓数据完整性是指存储在数据库中数据的正确性和一致性。设计数据完整性的目的是为了保证数据库中的数据的质量,防止数据库中存在不符合规定的数据,防止错误信息的输入和输出。例如,学生信息表 S 中应有如下约束:学号必须唯一,不能重复;学生姓名不能为空值,学生的年龄大于 15 岁。

任务描述

具体工作任务如下:

1)按照以下关系设置各表的主键,各表的主键(下划线表示)如下:

学生信息表(学号,姓名,性别,年龄,系别);

课程信息表(课程编号,课程名称,学分);

学生成绩表(学号,课程编号,成绩)。

2)将成绩信息表中的学号和课程编号分别设置为学生信息表和课程信息表的外键。

3)给课程信息表中的课程名称创建唯一性约束。

4)给学生信息表中的年龄和性别创建检查约束。

5)给学生信息表中的性别创建默认值约束,默认值为男。

任务实施

1. 建立主键约束

(1)使用 SSMS 创建主键约束

以创建学生管理数据库 Student 中的学生信息表 S 的主键约束为例。

1)建立数据库的表时,在指定的列上右击,在弹出的快捷菜单中选择【设置主键】命令,则该列就被设置为主键,并且在该列的开头会出现一个类似钥匙的图标。在该列上再次右击,在弹出的快捷菜单中选择第一项【移去主键】命令,将取消对该列的主键约束,如图 3-7 所示。

2)当设置多个列(字段)的组合为主键时,若已设置某列为主键,再设置另一列为主键,则已设置的主键自动取消。为了设置多列的组合为主键,需要先选取需要组合为主键的列。选取的方法是,选取某一列后,按住【Ctrl】键的同时在要选取的列前单击鼠标左键,然后在选取的任意列上单击鼠标右键,在弹出的快捷菜单上选择【设置主键】,即设置选取的多列为组合主键。

(2)使用 T - SQL 语句创建主键约束

创建主键约束的语法格式如下:

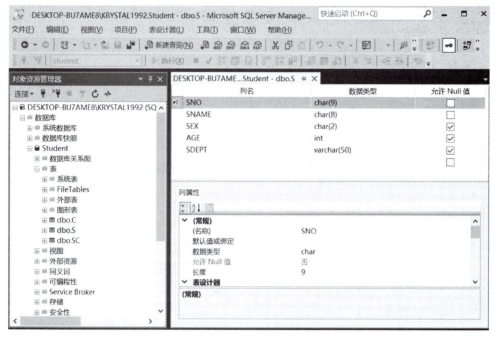

图 3-7　使用 SSMS 创建主键

<列名> <数据类型>[CONSTRAINT <约束名>]PRIMARY KEY
或:
[CONSTRAINT <约束名>]PRIMARY KEY(<列名>[,…n])

训练 3-6　创建学生信息表 S，并设置学号为主键。

```
USE Student
CREATE   TABLE S
(
SNO CHAR(9)PRIMARY KEY ,
SNAME CHAR(16)NOT NULL,
SEX CHAR(2)NULL,
AGE INT NULL,
SDEPT VARCHAR(30)NULL
)
或:
USE Student
CREATE   TABLE S
(
SNO CHAR(9),
```

```
SNAME CHAR(16)NOT NULL,
SEX CHAR(2)NULL,
AGE INT NULL,
SDEPT VARCHAR(30)NULL ,
PRIMARY KEY(SNO)
)
```

训练3-7 创建学生成绩表SC，以学号和课程编号为主键。

```
USE Student
CREATE TABLE SC(
SNO CHAR(9)NOT NULL,
CNO CHAR(4)NOT NULL,
GRADE REAL NULL,
PRIMARY KEY(SNO,CNO),
)
```

修改主键约束的基本格式如下：

```
ALTER TABLE <表名 >
ADD CONSTRAINT 约束名 约束类型(具体的约束说明)
DROP CONSTRAINT 约束名 约束类型(具体的约束说明)
```

训练3-8 如果学生信息表中没有定义主键约束，可以使用以下语句向学生信息表中添加主键约束。

```
USE Student
ALTER TABLES
ADD CONSTRAINT PK_SNO PRIMARY KEY （学号）
```

训练3-9 删除学生信息表中的主键约束。

```
USE Student
ALTER TABLES
DROP CONSTRAINT PK_SNO PRINARY KEY(学号)
```

2. 建立外键约束

（1）使用SSMS创建外键约束

以创建学生管理数据库 Student 中的学生成绩表 SC 的外键约束为例。

1）在 SSMS 的【对象资源管理器】中，右击要建立外键的表，例如 SC，在快捷菜单中选择【设计】命令，在表设计器中打开该表。

2）在表设计器菜单中单击【关系】命令（或者在右键的快捷菜单中选择），打开【外键关系】对话框，单击【添加】按钮。该关系将以系统提供的名称显示在【选定的关系】列表中，名称格式为"FK_SC_SC"，其中 SC 是外键表的名称，如图 3-8 所示。

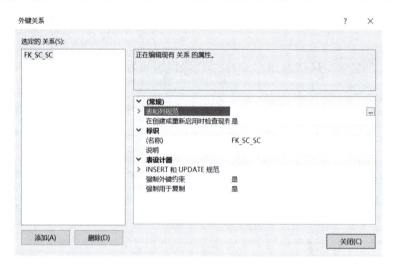

图 3-8 【外键关系】对话框

3）单击【外键关系】对话框中右侧的【表和列规范】，再单击右侧的【…】按钮，弹出如图 3-9 所示的【表和列】对话框。在该对话框中，选择主键表 S、主键字段 SNO；选择外键表 SC、外键字段 SNO。单击【确定】按钮，返回到【外键关系】对话框。

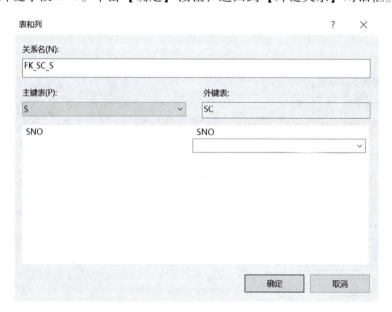

图 3-9 【表和列】对话框设置外键字段 SNO

4）再次单击【添加】按钮，单击【表和列规范】右侧的【…】按钮，在打开的【表和列】对话框中，选择主键表 C、主键字段 CNO；选择外键表 SC、外键字段 CNO，如图 3-10 所示。单击【确定】按钮，返回到【外键关系】对话框。

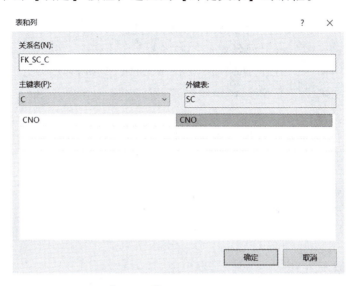

图 3-10　【表和列】对话框设置外键字段 CNO

5）根据需要可以设置【INSERT 和 UPDATE 规范】，设置相应的【更新规则】和【删除规则】，在此选择【级联】，如图 3-11 所示。单击【关闭】按钮关闭对话框。

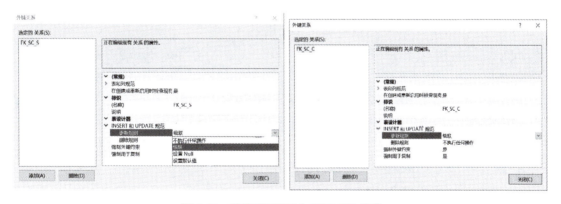

图 3-11　设置 INSERT 和 UPDATE 规范

在存在外键约束的情况下，对主键表的记录的更新和删除（插入无影响），需要检查主键表要更新的主键值是否被外键表的外键引用。若未引用，主键表的记录直接更新或者删除（外键表无任何改动）；若被引用（违反外键约束），可选的 4 种规则将产生以下不同的处理结果。

不执行任何操作：默认方式，主键表的更新或者删除企图会被拒绝。

级联：外键表随主键表级联更新或级联删除。

设置 NULL：外键表外键列设置为 NULL（相当于未设置，以后可以设置）。

设置默认值：外键表外键列设置为某个特定值。

6）单击工具栏上的【保存】按钮，完成外键约束的创建。

（2）使用 T–SQL 语句创建外键约束

创建外键约束的语法格式如下：

```
[CONSTRAINT <约束名>]FOREICN KEY(<列名>)
REFERENCES <表名>(<列名>).
[ON DELETE {NO ACTION |CASCADE |SET NULL |SET DEFAULT }]
[ON UPDATE {NO ACTION |CASCADE |SET NULL |SET DEFAULT}]
```

训练 3-10　创建学生成绩表 SC，并设置学号 SNO、课程编号 CNO 字段的外键约束。

```
USE Student
CREATE TABLE SC(
SNO CHAR(9)NOT NULL,
CNO CHAR(4)NOT NULL,
GRADE INT NULL,
PRIMARY KEY(SNO,CNO),
FOREIGN KEY(SNO)REFERENCES S(SNO),
FOREIGN KEY(CNO)REFERENCES C(CNO)
)
```

训练 3-11　给学生成绩表 SC 添加外键约束。

```
USE Student
ALTER TABLE SC
ADD CONSTRAINT FK_SNO FOREIGN KEY(学号)
REFERENCES S(SNO)
```

3. 建立唯一性约束

（1）使用 SSMS 创建唯一性约束

以创建学生管理数据库 Student 中的课程信息表 C 的唯一性约束为例。

1）在 SSMS 的【对象资源管理器】中，右击要建立唯一性的表，例如 C，在快捷菜单中选择【设计】命令，在表设计器中打开该表。

2）执行如上命令后，在显示的表设计器窗口上单击右键，在弹出的快捷菜单上选择【索引/键】命令。

3）单击【添加】按钮，在【常规】的【类型】项中选择【唯一键】，单击【常规】的【列】项右侧的【…】按钮，选择列名 CNAME 和排序规律（ASC 或 DESC），如图 3-12 所示。设置完成后单击【关闭】按钮关闭对话框。

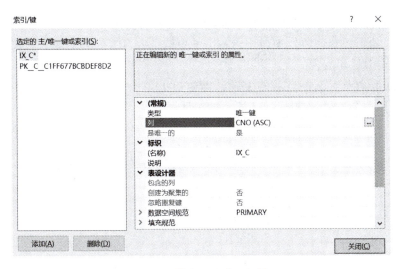

图 3-12 【索引/键】对话框

4）单击工具栏上的【保存】按钮，完成唯一性约束的创建。

（2）使用 T‑SQL 语句创建唯一性约束

创建唯一性约束的语法格式如下：

> ＜列名＞ ＜数据类型＞ ［CONSTRAINT ＜约束名＞］UNIQUE
>
> 或：
>
> ［CONSTRAINT ＜约束名＞］UNIQUE（＜列名＞［,n]）

训练 3‑12 创建课程信息表 C，并设置课程名称 CNAME 字段的唯一性约束。

```
USE Student
CREATE TABLE C
(
CNO CHAR(4)PRIMARY KEY,
CNAME VARCHAR(50)NOT NULL UNIQUE,
CREDIT INT
)
```

训练 3‑13 给课程信息表 C 中的课程名称 CNAME 字段设置唯一性约束。

```
USE Student
ALTER TABLE C
ADD CONSTRAINT UN_CNAME UNIQUE（课程名称）
```

4. 建立检查约束

（1）使用 SSMS 创建检查约束

以创建学生管理数据库 Student 中的学生信息表 S 的检查约束为例。

1）在【对象资源管理器】窗口中，右击学生信息表 S，在快捷菜单中选择【设计】命令，在表设计器中打开该表。

2）执行如上命令后，在显示的表设计器窗口上单击右键，在弹出的快捷菜单上选择【CHECK 约束】命令，显示如图 3-13 所示的对话框。

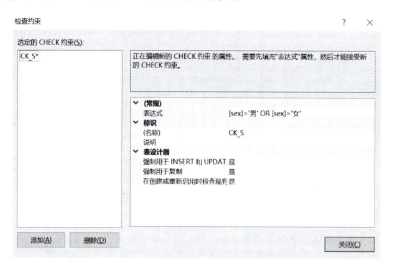

图 3-13 【检查约束】对话框

3）单击【添加】按钮，单击【常规】中的【表达式】右侧的【…】按钮，输入"［sex］='男'OR［sex］='女'"，单击【关闭】按钮关闭对话框。

4）单击工具栏上的【保存】按钮，完成检查约束的创建。

（2）使用 T-SQL 语句创建检查约束

创建检查约束的语法格式如下：

［CONSTRAINT ＜约束名＞］CHECK(＜表达式＞)

训练 3-14 创建学生信息表 S，并对年龄 AGE 字段设置检查约束。

```
USE Student
CREATE   TABLE S
(
SNO CHAR(9)PRIMARY KEY ,
SNAME CHAR(16)NOT NULL,
SEX CHAR(2)NULL,
AGE INT CHECK(AGE >18 AND AGE <25),
SDEPT VARCHAR(30)NULL
)
```

训练 3-15   给学生信息表 S 中的年龄 AGE 字段设置检查约束。

```
USE Student
ALTER TABLE S
ADD CONSTRAINT CK_AGE CHECK(AGE >18 AND AGE <25)
```

5. 建立默认值约束

（1）使用 SSMS 创建默认值约束

以创建学生管理数据库 Student 中的学生信息表 S 的默认值约束为例。

1）在【对象资源管理器】窗口中，右击学生信息表 S，在快捷菜单中选择【设计】命令，在表设计器中打开该表。

2）执行如上命令后，显示如图 3-14 所示的表设计器窗口。

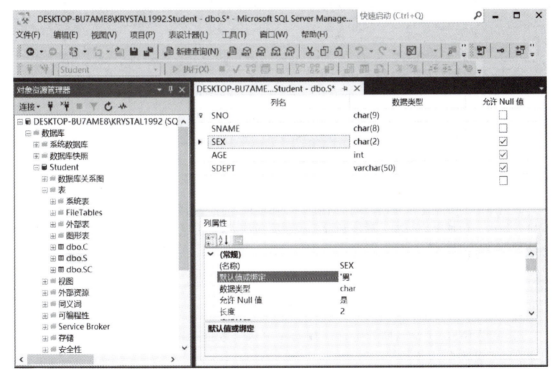

图 3-14   建立默认值约束

3）选择【SEX】字段，在【常规】中的【默认值或绑定】项中输入【'男'】，然后单击工具栏上的【保存】按钮，完成默认值约束的创建。

（2）使用 T – SQL 语句创建默认值约束

创建默认值约束的语法格式如下：

```
[CONSTRAINT <约束名>]DEFAULT( <表达式值> |NULL)FOR <列名>
```

训练 3-16 创建学生信息表 S，并对性别 SEX 字段设置默认值约束。

```
USE Student
CREATE  TABLE S
(
SNO CHAR(9)PRIMARY KEY ,
SNAME CHAR(16)NOT NULL,
SEX CHAR(2)DEFAULT'男',
AGE INT NULL,
SDEPT VARCHAR(30)NULL
)
```

训练 3-17 给学生信息表 S 中的性别 SEX 字段设置默认值约束。

```
USE Student
ALTER TABLE S
ADD CONSTRAINT DF_SEX DEFAULT'男'FOR SEX
```

【任务 3.3】 表中数据的维护

◆ 任务导入

数据库中的数据通常是动态的而不是一成不变的，在使用数据库的过程中经常需要对数据进行维护，包括增加数据、修改数据或者删除数据。数据库管理员或者数据库用户需要熟悉数据库的数据操作。

◆ 任务描述

具体工作任务如下：

1）使用 INSERT 语句向学生管理数据库中各个数据表输入数据，各表的参考数据见表 3-4 ~ 表 3-6。

表 3-4　学生信息表 S 数据

学号（SNO）	姓名（SNAME）	性别（SEX）	年龄（AGE）	系别（SDEPT）
9512101	李勇	男	19	计算机系
9512102	刘晨	男	20	计算机系
9512103	王敏	女	20	计算机系
9521101	张立	男	22	信息系
9521102	吴宾	女	21	信息系
9521103	吴兰	男	20	信息系
9531101	郑竹	女	18	数学系
9531102	钱小平	男	19	数学系

表 3-5　课程信息表 C 数据

课程编号（CNO）	课程名称（CNAME）	学分（CREDIT）
C01	计算机基础	3
C02	VB 程序设计	2
C03	网络操作系统	4
C04	数据库基础	3
C05	高等数学	4
C06	数据结构	2

表 3-6　学生成绩表 SC 数据

学号（SNO）	课程编号（CNO）	成绩（GRADE）
9512101	C01	90
9512101	C06	NULL
9512101	C02	86
9512102	C02	78
9512102	C04	66
9521102	C01	82
9521102	C02	75
9521102	C04	92
9521102	C05	50
9521103	C02	86
9521103	C06	NULL
9531101	C01	80
9531101	C05	95
9531102	C05	96

2）用 DELETE 语句删除学生信息表 S 某条记录。

3）用 UPDATE 语句更新学生信息表 S 中的某条记录。

任务实施

创建了表结构，就可以向表中添加数据；在插入了数据后，可以对数据进行修改或者删除等操作。

尽管可以使用 SSMS 对表数据进行增、删、改等操作，但在实际应用中，特别是程序设计中，更多的是利用 T－SQL 命令进行数据表数据的维护。

1. 添加表数据

（1）使用 SSMS 插入数据

以维护学生管理数据库 Student 中的学生信息表 S 为例。

在【对象资源管理器】中，右击需要添加数据的表，在弹出的快捷菜单中选择【编辑前 200 行】命令，如图 3-15 所示，打开对应的表，此时就可以依次向表中输入数据。

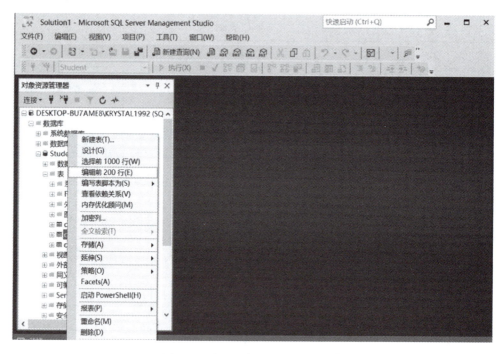

图 3-15　向学生信息表 S 插入数据

（2）使用 T－SQL 语句插入数据

在 T－SQL 语句中，常用的插入数据的方法是使用 INSERT 语句。INSERT 语句向表中插入数据有两种方式：一种是使用 VALUES 关键字直接给各列赋值，另一种是使用 SELECT 子句，从其他表或视图中取数据插入表中。

1）使用 INSERT... VALUES 语句添加表数据。INSERT… VALUES 语句一次只能向数据表中插入一行，因此，每插入一行，都要使用 INSERT 关键字，并且必须提供表名及相关的列、数据等。基本格式如下：

```
INSERT INTO <表名>[( <列名>[,… n])]
VALUES(值)(与列名一一对应)
```

训练 3-18　为学生信息表 S 添加 1 条记录，如图 3-16 所示。

```
INSERT INTO S VALUES( '9512101','李勇','男',19,'计算机系')
```

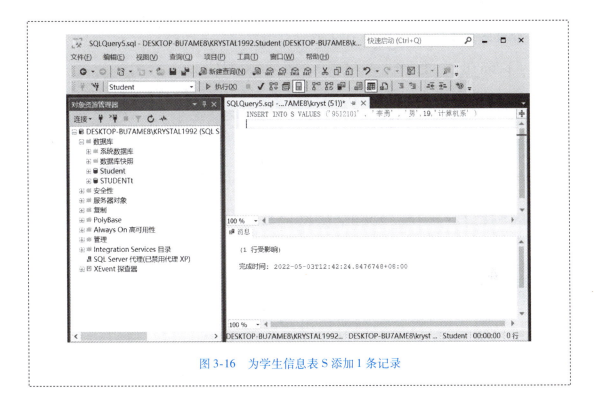

图 3-16　为学生信息表 S 添加 1 条记录

🖐 **注意**

当将数据添加到一行中的所有列时，INSERT 语句中不需要给出表中的列名，只要 VAL-UES 中给出的数据与定义表时给定的顺序一致即可；若向表中的部分列插入数据，则相应的列名不能省略。

输入项的顺序和数据类型必须与表中列的顺序和数据类型相对应。当类型不符时，如果按照不正确的顺序指定插入的值，服务器会捕获到一个错误的数据类型。

2）使用 INSERT... SELECT 语句添加表数据。除了可以用 INSERT... VALUES 语句来一行一行地向数据表中插入数据之外，还可以使用 INSERT 语句中的 SELECT 查询结果集向数据表插入多行数据。基本格式如下：

```
INSERT INTO 表名[（列名）]
SELECT 列名 FROM 表名
```

训练 3-19　建立新表 S2，并基于学生信息表 S 向新表插入数据。

```
INSERT INTO S2
SELECT   *
FROM S
```

注意：插入数据时两个表列与列之间要一一对应，并且数据类型要一致。

2. 修改表数据

利用 UPDATE 语句更改原有表的数据，该语句的常用格式如下：

```
UPDATE <表名>
SET <列名> = <表达式>[,…n]
[WHERE <逻辑表达式>]
```

其中，SET 子句指定要更改的列和这些列的新值。

训练 3-20　在学生管理数据库中，把学生信息表 S 中学号为"9512101"的学生姓名改为"姜芸"、年龄改为 22。

```
UPDATE S
SET SNAME = '姜芸',AGE = 22
WHERE SNO = '9512101'
```

注意： 如果没有被限制（即不带 WHERE 子句）的 UPDATE 语句，将会修改表中的所有数据行。

3. 删除表数据

随着使用和对数据的修改，表中可能存有一些无用的数据，这些无用的数据不仅会占用空间，还会影响修改和查询的速度，所以应该将它们及时删除。

利用 DELETE 语句可以删除原有表的数据。该语句的常用格式如下：

```
DELETE FROM <表名>
WHERE <逻辑表达式>
```

训练 3-21　在学生管理数据库中，删除课程信息表 C 中课程名称为"数据结构"的记录。

```
DELETE FROM C
WHERE CNAME = '数据结构'
```

使用 DELETE 语句可以从表中删除一条或多条记录。如果有关联表存在，那么在删除表时，应当首先删除外键表中的相关记录，然后才能删除主键表中的记录。

训练 3-22　在学生管理数据库中，删除学生信息表 S 中学号为"9512101"的学生记录。

由各数据表之间的关联关系定义可知，这时有外键约束。此时执行以下语句，会出现如图 3-17 所示的错误提示。

```
DELETE FROM S
WHERE SNO = '9512101'
```

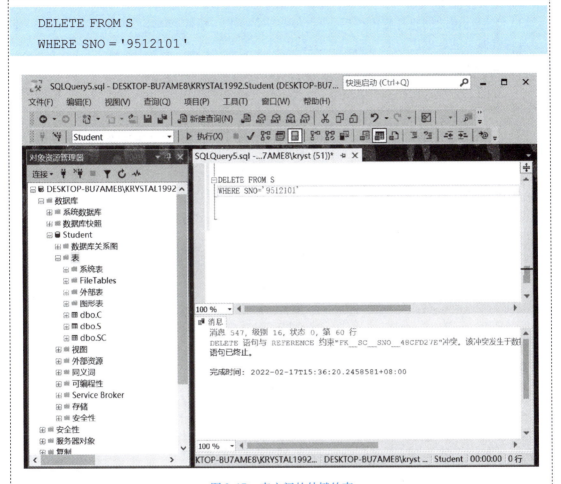

图 3-17　表之间的外键约束

因为在学生成绩表 SC 中，还存在有学号为 9512101 的成绩记录，由于外键约束的存在，不允许首先在学生信息表 S 中删除学号为 9512101 的学生，因此出现的出错信息如图 3-17 所示。

为避免出错，在删除学生信息表 S 中学号为 9512101 的学生前，必须首先将学生成绩表 SC 中学号为 9512101 的成绩记录删除掉，即首先执行以下代码：

```
DELETE FROM SC
WHERE SNO = '9512101'
```

【同步实训】　创建图书管理数据库中的数据表并设置约束

1. 实训目的

1）进一步熟悉 SSMS 工具的使用。

2）学会使用 T‑SQL 语句创建、修改和删除表。

3）掌握约束的创建与使用。

4）掌握对表数据进行增、删、改的操作。

2. 实训内容

1）在图书管理数据库 tsgl 中使用 T‑SQL 语句分别创建图书表 ts，读者表 dz，借阅表 jy 这三个表的结构以及完整性约束，具体如下（要求建立所有的约束）：

① ts（书号、书名、出版社、类别、作者、出版时间、价格）；书号为主键，价格为数值型，出版时间为日期型，其他属性都是字符型，长度自己设定，要求价格为正。

② dz（读者编号、姓名、单位、性别、电话）；读者编号为主键，所有属性为字符型，长度自己设定，限制性别的取值为男、女，单位默认值为机械工业出版社。

③ jy（书号、读者编号、借阅日期、还书日期）；书号和读者编号为主键，同时分别为 ts 和 dz 的外键，借阅日期和还书日期为日期型。

2）向表中添加数据，数据见表 3-7 ~ 表 3-9。

表 3-7　dz 表数据

读者编号	姓名	单位	性别	电话
2022258	韩梅	软件学院	男	12345677654
2022290	李磊	软件学院	男	24190520724
2022250	张三丽	软件学院	女	35729264967
2022345	李勇	计算机学院	女	35705724064
2022336	蒋迪	计算机学院	男	19036330693

表 3-8　jy 表数据

书号	读者编号	借阅日期	还书日期
111000	2022258	2023/10/28	2023/11/23
111120	2022258	2023/10/28	Null
111119	2022290	2023/10/25	2023/11/27
111119	2022250	2023/10/24	2023/11/28
111205	2022336	2023/10/28	2023/11/28
111000	2022345	2023/10/28	2023/11/13
111250	2022345	2023/10/10	2023/11/16

表 3-9　ts 表数据

书号	书名	出版社	类别	作者	出版时间	价格（元）
111000	计算机组成原理	清华出版社	计算机	盖茨	2010/10/1	50
111110	计算机网络	清华出版社	计算机	扎克	2010/10/2	40
111120	计算机发展史	高等教育出版社	计算机	艾比恩姆	2010/10/3	48
111119	数据库原理与应用	清华大学出版社	数据库	王琳	2010/10/4	58
111205	MYSQL 实践	机械工业出版社	数据库	苏明	2010/10/5	59
111250	LINUX 系统	北京大学出版社	操作系统	托沃兹	2010/10/6	33

3）修改书号为"111000"的价格为 64 元。

4）删除读者编号为"2022290"的借阅记录。

【拓展活动】

你了解大国工匠高凤林的事迹吗？我们如何传承这种工匠精神？

【单元小结】

【思考与练习】

一、选择题

1. 修改表结构的 T－SQL 语句为（　　）。

A. CREATE TABLE　　B. MODIFY TABLE　　C. ALTER TABLE　　D. UPDATE TABLE

2. 删除表数据，应该选用（　　）T－SQL 命令。

A. DELETE TABLE　　B. DROP TABLE　　　C. MODIFY TABLE　　D. UPDATE TABLE

3. 若表中的一个字段定义类型为 char，长度为 20，当在此字段中输入字符串"信息管理系统"时，此字段将占用（　　）字节的存储空间。

A. 1　　　　　　　　B. 5　　　　　　　　C. 10　　　　　　　　D. 20

4. 数据库表中主键约束和唯一性约束的区别在于（　　）。

A. 一个表只能定义一个主键约束，主键值可以为空

B. 一个表可以定义多个主键约束，主键值可以为空

C. 一个表只能定义一个主键约束，主键值不能为空

D. 一个表可以定义多个主键约束，主键值不能为空

5. （　　）用于限定字段上可以接受的数据值。

A. 检查约束　　　　　B. 默认值约束　　　　C. 空值约束　　　　D. 唯一性约束

二、填空题

1. 创建 SQL Server 数据库表的 T - SQL 语句是＿＿＿＿＿＿＿。

2. 一个表上只能创建＿＿＿＿个主键约束，但可以创建＿＿＿＿个唯一性约束。

3. 在 SQL Server 中，＿＿＿＿不仅可以与另一张表上的主键约束建立联系，也可以与另一张表上的 UNIQUE 约束建立联系。

4. 使用＿＿＿＿语句修改表，使用＿＿＿＿子句增加字段。

三、简答题

1. 简述关系数据库的几种完整性，并各举一个例子。

2. 试述主键约束与唯一性约束的区别。

数 据 查 询

知识目标

➢ 熟悉 T‑SQL 查询语句中 SELECT 子句、FROM 子句和 WHERE 子句的用法。

➢ 熟悉 AVG、COUNT、MAX、MIN、SUM 等统计函数的用法。

➢ 熟悉 GROUP BY、HAVING 数据分组子句的用法。

➢ 熟悉内连接、外连接、完全连接等数据连接的概念。

技能目标

➢ 能够熟练使用简单的 T‑SQL 语句查询数据表中的数据。

➢ 能够熟练使用统计函数进行数据查询。

➢ 能够熟练进行分组查询。

➢ 能够使用 T‑SQL 语句进行多表查询。

➢ 能够使用 T‑SQL 语句中的子查询完成复杂的查询。

【知识储备】　SELECT 语句

对数据表经常进行的操作是检索、查询数据。SQL 查询就是对已经存在于数据库中的数据按特定的组合、条件或次序进行检索，还可以完成数据的统计。查询功能是数据库最基本也是最重要的功能。

在众多的 T－SQL 语句中，SELECT 语句是使用频率较高。利用 SELECT 语句，按照用户给定的条件从 SQL Server 2019 数据库中取出数据，并将数据通过一个或多个结果集返回给用户。

SELECT 语句的主要子句如下：

```
SELECT 目标表的列名或列表达式序列
FROM 基本表名和(或)视图序列
[WHERE　行条件表达式]
[GROUP BY　列名序列]
[HAVING　组条件表达式]
[ORDER BY　列名[ASC |DESC],…]
```

 说明

SELECT 语句包含子句 SELECT、FROM、WHERE、GROUP BY、HAVING、ORDER BY 等，每个子句都有各自的用法和功能，具体如下：

SELECT 子句：指定由查询返回的列。

FROM 子句：用于指定引用的列所在的表和视图。

WHERE 子句：指定用于限制返回的行的搜索条件。

GROUP BY 子句：指定用来放置输出行的组，并且如果 SELECT 子句中包含聚合函数，则计算每组的汇总值。

HAVING 子句：指定组或聚合的搜索条件。HAVING 通常与 GROUP BY 子句一起使用。如果不使用 GROUP BY 子句，HAVING 的作用与 WHERE 子句一样。

ORDER BY 子句：指定结果集的排序。

【任务 4.1】　单表查询

◉ 任务导入

数据库和数据表的主要目的是存储数据，以便在需要时进行检索、统计或组织输出。本任务中的查询仅涉及一个表，是一种简单的查询操作。

🔍 任务描述

针对学生管理数据库，完成由用户提出的各种数据库查询操作。具体工作任务如下：

1）显示所有学生的信息。

2）利用聚合函数完成一组值的计算，并返回具体值。

3）查询限定条件下的学生信息、课程信息和成绩信息。

4）依据筛选条件，对查询结果进行分组。

5）实现对查询结果的排序。

🕹 任务实施

1. 简单查询

查询语句的基本结构如下：

```
SELECT 目标列名
FROM 关系表
```

（1）查询属性列

在很多情况下，用户只对表中的一部分属性列感兴趣，这时可以在 SELECT 语句中指定属性列，并使用逗号隔开。如果要查询所有列，目标列名可以用（＊）代替。

训练4-1 查询全体学生的学号和姓名。

```
USE Student
SELECT SNO,SNAME
FROM S
```

训练4-2 查询全体学生的所有数据。

```
USE Student
SELECT *
FROM S
```

（2）删除查询结构重复行

将 Distinct 写在 SELECT 列表所有列名的前面，可删除 Distinct 其后那些列值相同的重复行。

训练4-3 从学生信息表中查询系别信息。

```
USE Student
SELECT SDEPT
FROM S
```

73

查询结果中包含许多重复的行，想要去掉表中重复行，必须指定 Distinct 关键词。

```
USE Student
SELECT Distinct SDEPT
FROM S
```

（3）定义查询结果中列的名称

使用 SELECT 语句查询数据时，查询结果中列的名称默认与源表中的列名称相同，如果使用了表达式，该列则没有名称，那么可以使用别名的方法根据需要对数据显示的标题进行命名。通常使用 AS 关键字来连接列表达式和指定的别名。

训练 4-4 从成绩信息表中查询所有学生的学号和成绩（减 10 分），并命名中文名称。

```
USE Student
SELECT SNO AS 学号,GRADE-10 AS 新成绩
FROM SC
```

（4）输出前 N 行

在 SELECT 子句中使用 TOP N 指定只在查询结果中返回前 N 条记录。如果指定 PER-CENT 关键字，则只返回前 N% 条记录。

训练 4-5 返回学生信息表中前 3 条记录。

```
USE Student
SELECT TOP 3 *
FROM S
```

（5）查询结果集输出到新表

指定使用查询结果来创建新表。

训练 4-6 将原成绩信息表学号和成绩建立新表。

```
USE Student
SELECT SNO,GRADE
INTO SC2
FROM SC
```

2. 使用聚合函数查询

聚合函数也称为统计函数，用来完成一组值的计算，并且有一个返回值。聚合函数经常与 SELECT 语句一起使用。常见的聚合函数见表 4-1：

表 4-1   常见的聚合函数

聚合函数	功能
SUM（［ALL|DISTINCT］＜列名＞）	计算一组数据的和
MIN（［ALL|DISTINCT］＜列名＞）	给出一组数据的最小值
MAX（［ALL|DISTINCT］＜列名＞）	给出一组数据的最大值
COUNT（［ALL|DISTINCT］＜列名＞）	计算总行数；COUNT（＊）表示给出总行数，包括含有空值的行
AVG（［ALL|DISTINCT］＜列名＞）	计算一组值的平均值

训练4-7　统计学生成绩总和。

```
USE Student
SELECT SUM(GRADE)AS'总成绩'
FROM SC
```

训练4-8　统计学生成绩平均值。

```
USE Student
SELECT AVG(GRADE)AS'平均成绩'
FROM SC
```

训练4-9　统计学生成绩最大值。

```
USE Student
SELECT MAX(GRADE)AS'最大值'
FROM SC
```

训练4-10　统计学生总人数。

```
USE Student
SELECT COUNT(＊)AS'总人数'
FROM S
```

3. 条件查询

条件查询是从整个表中选出满足指定条件的内容，基本语法如下：

```
SELECT 目标列名
FROM 关系表
WHERE 限定条件
```

（1）比较搜索条件

WHERE 子句由比较运算符构成。

训练 4-11　查询成绩在 90 分以上的选课记录。

```
USE Student
SELECT *
FROM SC
WHERE GRADE > 90
```

训练 4-12　查询成绩不在 90 分以上的选课记录。

```
USE Student
SELECT *
FROM SC
WHERE NOT GRADE > 90
```

（2）范围搜索条件

查询两个指定值之间的所有值。

训练 4-13　查询成绩在 60 到 100 分之间的选课记录。

```
USE Student
SELECT *
FROM SC
WHERE GRADE BETWEEN 60 AND 100
```

训练 4-14　查询成绩不在 60 到 100 分之间的选课记录。

```
USE Student
SELECT *
FROM SC
WHERE GRADE NOT BETWEEN 60 AND 100
```

（3）确定集合

运算符 IN、NOT IN 可以选择与列表中的任意值匹配的行。

训练 4-15　查询成绩是 60、70、80、90、100 分的选课记录。

```
USE Student
SELECT *
```

```
FROM SC
WHERE GRADE IN(60,70,80,90,100)
```

训练4-16　查询成绩不是60、70、80、90、100分的选课记录。

```
USE Student
SELECT *
FROM SC
WHERE GRADE NOT IN(60,70,80,90,100)
```

（4）字符匹配

关键字 LIKE 可以用来搜索与指定模式匹配的字符串。用法如下：

WHERE 目标列名 LIKE ＜匹配串＞

其含义是查找指定的属性列值与＜匹配串＞相匹配的元组。＜匹配串＞可以是一个完整的字符串，也可以含有通配符%和_。其中：

%：替代0个或者多个字符。例如a%b表示以a开头，以b结尾的任意长度的字符串。如acb、addgb、ab等都满足该匹配串。

_（下划线）：仅替代一个字符。例如a_b表示以a开头，以b结尾的长度为3的任意字符串。如acb，a王b等都满足该匹配串。

训练4-17　查询姓"张"且名是单字符的学生姓名。

```
USE Student
SELECT SNAME
FROM S
WHERE SNAME LIKE'张_'
```

训练4-18　查询所有姓"王"的学生信息。

```
USE Student
SELECT *
FROM S
WHERE SNAME LIKE'王% '
```

（5）涉及空值的查询

空值（NULL）在数据库中表示不确定的值。

判断取值为空的语句格式：

```
WHERE 列名 IS NULL
```

判断取值不为空的语句格式：

```
WHERE 列名 IS NOT NULL
```

训练 4-19　某些学生选修课程后没有参加考试，所以有选课记录，但是没有考试成绩。查询缺少成绩的学生的学号和相应的课程编号。

```
USE Student
SELECT SNO,CNO
FROM SC
WHERE GRADE IS NULL
```

（6）多重条件查询

运用逻辑运算符 AND 和 OR 来联结多个查询条件。

训练 4-20　查询成绩在 60 到 100 分之间的选课记录。

```
USE Student
SELECT *
FROM SC
WHERE GRADE > =60 AND GRADE < =100
```

训练 4-21　查询计算机系、年龄在 20 岁以下的学生姓名。

```
USE Student
SELECT SNAME
FROM S
WHERE SDEPT = '计算机系'AND AGE <100
```

4. 排序查询

排序查询是在查询语句中加入 ORDER BY 子句实现对查询结果的顺序排列，主要是指定查询结果中记录的排列顺序。排序表达式指定用于排序的列，多个列使用逗号分隔，ASC 和 DESC 分别表示升序和降序，默认为 ASC。基本语法为：

```
SELECT *
FROM 关系表
ORDER BY 列名[DESC]
```

当排序列含有空值（NULL）时，ASC 会将排序列为空值的行最后显示；DESC 会将排序列为空值的行最先显示。

训练 4-22　查询成绩表（升序排列）。

```
USE Student
SELECT *
FROM SC
ORDER BY GRADE
```

训练 4-23　查询选修了课程编号为"C03"课程的学生学号及其成绩，查询结果按分数的降序排列。

```
USE Student
SELECT SNO,GRADE
FROM SC
WHERE CNO = 'C03'
ORDER BY GRADE DESC
```

5. 分组查询

在实际应用中，经常需要将查询结果进行分组，然后再对每个分组利用统计函数进行统计。SELECT 的 GROUP BY 子句和 HAVING 子句可实现分组统计。

（1）简单分组查询

使用 GROUP BY 子句对查询中使用到的表中的记录进行分组，从而使 SELECT 子句中的聚合函数可执行分类计算，如果 SELECT 子句中没有聚合函数，则查询结果也会按照分类字段排序。基本格式如下：

```
SELECT 目标列名,聚合函数
FROM 关系表
CROUP BY 分组字段列表
```

训练 4-24　查询每门课程的最高分和最低分。

```
USE Student
SELECT CNO,MAX(GRADE)AS'最高分',MIN(GRADE)AS'最低分'
FROM SC
ORDER BY CNO
```

训练 4-25　查询每门选修课程的课程编号及参加该门课程考试的学生总人数。

```
USE Student
SELECT CNO,COUNT( * )AS'总人数'
```

```
FROM SC
WHERE GRADE IS NOT NULL
ORDER BY CNO
```

（2）带 HAVING 子句的分组查询

如果分组后还要按照一定的条件对这些组进行筛选，最终只输出满足条件的组，则可以使用 HAVING 子句指定筛选条件。基本格式如下：

```
SELECT 目标列名,聚合函数
FROM 关系表
GROUP BY 分组字段列表
HAVING 筛选条件
```

训练 4-26　查询选课人数超过 2 人的课程编号。

```
USE Student
SELECT CNO,COUNT(SNO)
FROM SC
ORDER BY CNO
HAVING COUNT(SNO) > =2
```

训练 4-27　查询总成绩小于 200 的学生信息。

```
USE Student
SELECT SNO,SUM(GRADE)
FROM SC
ORDER BY SNO
HAVING SUM(GRADE) <200
```

说明

HAVING 通常与 GROUP BY 一起用，相当于一个用于组的 WHERE 子句，指定组的查询条件。HAVING 后写查询条件，可以包含聚合函数，但是 WHERE 不可以。

【任务 4.2】　连接查询

任务导入

现在需要查询学生信息（如学号、姓名）和学生选修的课程信息（课程编号、课程名

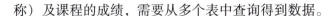

称）及课程的成绩，需要从多个表中查询得到数据。

🔍 任务描述

具体工作任务如下：
1）显示学生信息及其选修课程的情况。
2）显示学生信息及其课程成绩情况。
3）查询所有学生可能的选课情况。

⚙️ 任务实施

从多个表中查询数据需要建立起表与表之的连接，连接的类型有交叉连接、内连接和外连接。

1. 内连接查询

在连接查询中经常使用的是内连接，内连接通过使用比较运算符，根据需要连接的数据表中公共的字段值来匹配两个表中的记录，将两个表中满足连接条件的记录组合起来作为结果，内连接使用 INNER JOIN 连接运算符，并且使用 ON 关键字指定连接条件。内连接的语句格式如下：

```
SELECT 表名.列名
FROM 表名 1 INNER JOIN 表名 2
ON 表名 1.列 = 表名 2.列
```

训练 4-28 查询每个学生信息及其选修课程的情况。

```
USE Student
SELECT S. *,SC. *
FROM S INNER JOIN SC
ON S. SNO = SC. SNO
```

注意：学生信息存放在 S 表中，学生选课情况存放在 SC 表中，所以本查询实际上涉及 S 与 SC 两个表。这两个表之间的联系是通过公共属性 SNO 实现的。

训练 4-29 查询成绩大于 80 的学生信息，成绩按照降序排列。

```
USE Student
SELECT S. *,SC. *
FROM S INNER JOIN SC
ON S. SNO = SC. SNO AND SC. GRADE >80
ORDER BY SC. GRADE DESC
```

2. 外连接查询

外连接分为左外连接、右外连接和全外连接三种。

（1）左外连接

左外连接是对连接条件左边的表不加限制，返回左边表的所有行。关键字为 LEFT OUT-ER JOIN。左外连接的查询结果中包含左表的所有行，而不仅是连接列所匹配的行。当左边表元组与右边表元组不匹配时，与右边表的相应列值取 NULL。语句格式如下（先写的是左表，后写的是右表）：

```
SELECT 表名.列名
FROM 表名 1 LEFT OUTER JOIN 表名 2
ON 表名 1.列 = 表名 2.列
```

训练 4-30　查询所有学生的信息及其选修课程的成绩情况（含未选课程的学生信息）。

```
USE Student
SELECT S. * ,CNO,GRADE
FROM S LEFT OUTER JOIN SC
ON S. SNO = SC. SNO
```

注意：有时在查询学生选修课程情况时，既需要查询那些有选课信息的学生情况，又需要查询那些没有选课信息的学生情况，因此会用到左外连接查询。

（2）右外连接

右外连接是对连接条件右边的表不加限制，返回右边表的所有行。若右表的某行在左表中没有找到匹配的行，则结果集中左表的相对应的位置为 NULL。语句格式如下：

```
SELECT 表名.列名
FROM 表名 1 RIGHT OUTER JOIN 表名 2
ON 表名 1.列 = 表名 2.列
```

训练 4-31　根据成绩表查询出学生所对应的个人信息。

```
USE Student
SELECT S. SNO,SNAME,SC. CNO,GRADE
FROM S RIGHT OUTER JOIN SC
ON S. SNO = SC. SNO
```

（3）全外连接

全外连接是对连接条件的两个表都不加限制，所以两个表中的行都会包括在结果中。若某行在一个表中没有匹配的行，则在另一个表与之相对应列的值为 NULL，也就是说如果匹配不到，在各自对应位置显示 NULL。语句格式如下：

```
SELECT 表名.列名
FROM 表名1 FULL OUTER JOIN 表名2
ON 表名1.列 = 表名2.列
```

训练 4-32　查询出每个学生的所有情况。

```
USE Student
SELECT S.SNO,SNAME,AGE,SC.CNO,GRADE
FROM S FULL OUTER JOIN SC
ON S.SNO = SC.SNO
```

3. 交叉连接查询

交叉连接是指不使用任何条件，直接将一个表的所有记录和另一个表中的所有记录一一匹配，包含了所连接的两个表中所有元组的全部组合。该连接方式在实际应用中很少用到。语句格式如下：

```
SELECT 表名.列名
FROM 表1 CROSS JOIN 表2
```

训练 4-33　查询所有学生可能的选课情况。

```
USE Student
SELECT S.*,SC.CNO,GRADE
FROM S CROSS JOIN SC
```

【同步实训】查询图书管理数据库中的数据

1. 实训目的

1）掌握使用 SELECT 语句查询数据的方法。

2）学会使用 AVG、COUNT、MAX、MIN、SUM 等统计函数。

3）会重新排序查询结果。

4）会分组统计查询结果。

2. 实训内容

使用 SQL 语句实施查询。

1）查询所有的图书信息。

2）返回借阅表中前3条记录。

3）求所有图书的平均价格、最高价格和最低价格。

4）查询类别为计算机的图书信息。

5）将各种图书的情况按照价格从高到低排序。

6）查询2023年1月28日借出去的图书的书名和出版社。

7）按出版社分别统计被借阅图书的平均价格，并将超过40元的图书显示出来。

【拓展活动】

你参加过"互联网＋"等创新创业比赛吗？如何培养创新精神？

【单元小结】

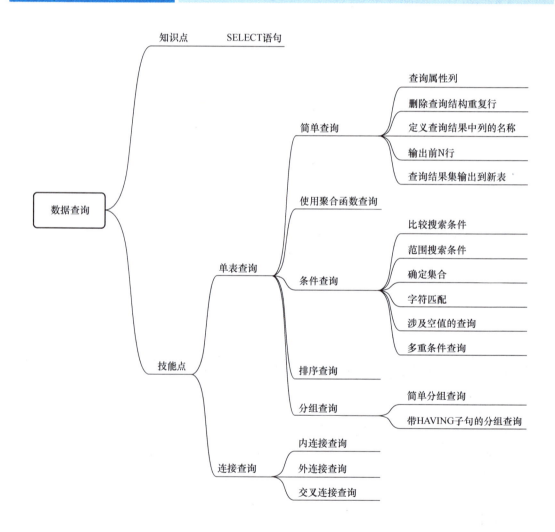

【思考与练习】

一、选择题

1. 假设数据表"test1"中有 10 条记录，可获得最前面两条记录的命令为（　　）。

A. SELECT 2 ＊ FROM test1
B. SELECT TOP 2 ＊ FROM test1
C. SELECT PERCENT 2 ＊ FROM test1
D. SELECT PERCENT 20 ＊ FROM test1

2. 关于查询语句中 ORDER BY 子句使用正确的是（　　）。

A. 如果未指定排序字段，则默认按递增排序

B. 数据表的字段都可用于排序

C. 如果在 SELECT 子句中使用了 DISTINCT 关键字，则排序字段必须出现在查询结果中

D. 联合查询不允许使用 ORDER BY 子句

3. SQL 是（　　）的语言，容易学习。

A. 过程化　　　　　B. 非过程化　　　　　C. 格式化　　　　　D. 导航式

4. 在 T－SQL 语法中，SELECT 语句的完整语法较复杂，但至少包括的部分为（　　）。

A. SELECT　INTO
B. SELECT　FROM
C. SELECT　GROUP
D. 仅 SELECT

5. 在 SELECT 语句中，使用关键字（　　）可以把重复行屏蔽。

A. DISTINCT　　　　B. UNION　　　　C. ALL　　　　D. TOP

二、填空题

1. 在查询语句中，应在_____子句中指定输出字段。

2. 如果要使用 SELECT 语句返回指定条数的记录，则应使用_____关键字来限定输出字段。

3. 在 SELECT 查询语句中，在使用 HAVING 子句前，应保证 SELECT 语句中已经使用了_____子句。

4. 聚合函数有最大、最小、求和、平均和计数等，它们分别是 MAX、MIN、SUM、_____和 COUNT。

三、简答题

1. LIKE 匹配字符有哪几种？

2. 简述 WHERE 子句与 HAVING 子句的区别。

创建和管理视图

📝 学习目标

🔍 知识目标

➢ 熟悉视图的基本概念。
➢ 掌握视图的创建、修改和删除等操作。

◆ 技能目标

➢ 能够使用 SQL Server Management Studio 创建视图。
➢ 能够使用 T – SQL 创建视图。
➢ 能够对视图进行修改、删除等操作。

【知识储备】 视图概述

1. 视图的简介

数据库中的基本表是按照数据库设计人员的观点设计的，有时并不利于实际用户观察数据，视图的建立很好地解决了这一问题。视图并不是数据库中真实存在的基本表，而是从一个或几个真实的表中导出来的一张虚表，方便用户在不破坏原有基本表结构的前提下观察数据。视图实际上是一个查询结果。从数据库系统外部来看，视图就如同一个数据表一样，对数据表能够进行的一般操作都可以应用于视图，例如查询、插入、修改和删除操作等。但对数据的操作要满足一定的条件，当对通过视图看到的数据进行修改时，相应的基本表的数据也会发生变化，同样，若基本表的数据发生变化，这种变化也会自动反映到视图中。

2. 视图的优点

1）简单性。视图不仅可以简化用户对数据的理解，也可以简化他们的操作。那些被经常使用的查询可以被定义为视图，用户不必为以后的操作每次指定全部的条件。

2）安全性。用户通过视图只能查询和修改他们所能见到的数据。数据库中的其他数据则既看不见也取不到。数据库授权命令可以使每个用户对数据库的检索限制到特定的数据库对象上，但不能授权到数据库特定的行和特定的列上。通过视图，用户可以被限制在数据的不同子集上，例如，被限制在某视图的一个子集上或是一些视图和基本表合并后的子集上。

3）逻辑数据独立性。视图可以使应用程序和数据库表在一定程度上独立。如果没有视图，应用一定是建立在表上的。有了视图之后，程序可以建立在视图之上，从而程序与数据库表被视图分割开来。当数据库表发生变化时，可以在表上修改视图，通过视图屏蔽表的变化，从而使应用程序可以不改变。反之，当应用发生变化时，也可以在表上修改视图，通过视图屏蔽应用的变化，从而保持数据库不变。

3. 视图的不足

1）影响查询效率。由于数据库管理系统必须把视图的查询转化成对基本表的查询，如果这个视图是由连接起来的多个表所定义的，那么，即使是视图的一个简单查询，也需要把它变成一个复杂的结合体，需要花费一定的时间。

2）修改受限制。当用户试图修改视图的某些元组时，数据库管理系统必须把它转化为对基本表元组的修改。对于简单视图来说，这是很方便的，但是，对于比较复杂的视图，可能是不可修改的。

4. 视图的主要内容

一般地，视图的内容包括如下几个方面：

1）基本表的列的子集或行的子集，即视图作为基本表的一部分。

2）两个或多个基本表的联合，即视图是对多个基本表进行联合运算的 SELECT 语句。

3）两个或多个基本表的连接，即视图是由若干个基本表连接生成的。

4）基本表的统计汇总，即视图不仅可以是基本表的投影，还可以是经过对基本表的各种复杂运算的结果。

5）另外一个视图的子集，即视图可以基于表，也可以基于另外一个视图。

6）来自函数中的数据。

7）视图和基本表的混合。在视图的定义中，视图和基本表可以起到同样的作用。

【任务5.1】 创建视图

◈ 任务导入

用户对于数据的实时查询需求有时只是数据库中一个表的部分字段，或者是几个表中部分字段的组合。在数据库中新建符合用户需求的基本表，有可能破坏数据库的整体设计布局，降低数据库的使用效率。所以，在不建立新的数据表的前提下，可以建立视图来满足用户的查询需求。

◈ 任务描述

在不创立新的基本表、不破坏现有数据库设计结构的前提下，创建一个筛选单表中部分字段的视图和多表中部分字段组合的视图，具体任务如下：

1）以任务3.1中的S、SC两个数据表为基础，建立一个名为V_SC的视图。该视图可显示学生信息中的SNO，SNAME，SDEPT和课程信息中的CNO。

2）观察结果区域的视图结果并根据实际情况进行验证。

3）视图建立好以后，保存已建立的视图。

◈ 任务实施

在已建立好的数据库中可以建立一个新的数据表，同样也可以建立一个新的视图来满足用户的数据实时查询需求。在开发应用程序时，若要为用户展现一个符合实际环境需求且不破坏数据库整体布局的数据查询快捷界面，建立视图是一个不错的选择。视图可以随着所引用的基本表中数据的变化而变化，实时更新，便于维护和调用。

创建视图通常有两种方式：一种是使用SSMS工具创建，另一种是使用T-SQL语句创建。

1. 使用SSMS工具创建视图

在创建视图之前应考虑好视图需要调用哪些基本表中的字段，如何安排调用顺序等问题。对视图的建立过程进行简单的设计。

1）如图5-1所示，将【对象资源管理器】窗口的树形结构展开。单击【数据库】前"＋"或者双击【数据库】进一步展开Student文件夹，选择【视图】并右击，在弹出的快捷菜单中选择【新建视图】命令即可进入视图设计界面。

2）在弹出的【添加表】对话框中，如图5-2所示，可以选择S、SC两个表，单击对话框中的【关闭】按钮，则返回到SSMS的视图设计界面。

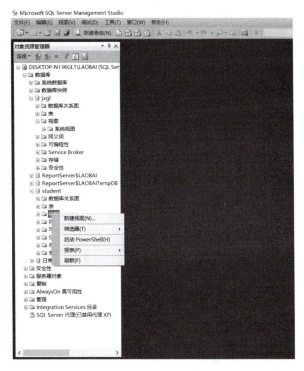

图 5-1 在 SSMS 中创建视图

图 5-2 【添加表】对话框

3）单击 S 表中 SNO、SNAME、SDEPT 和 SC 表中 SNO、CNO 前的小方框，在小方框中即可出现"√"。

4）单击 S 表中 SNO 并拖拽到 SC 表中 SNO 后，在两字段之间会出现相等连接的显示。

5）单击工具栏上的【执行】按钮，在结果区域将显示包含在视图中的数据行。

6）单击【保存】按钮，视图取名"V_SC"，即可保存视图。

注意

在窗口右侧的【视图设计器】中包括以下4个区域：

1）关系图区域。该区域以图形方式显示正在查询的表和其他表结构化对象，同时也显示它们之间的关联关系。若需要添加表，可以在该区域中的空白处右击，在弹出的快捷菜单中选择【添加表】命令。若要删除表，则可以在表的标题栏上右击，在弹出的快捷菜单中选择删除命令。

2）列条件区域。该区域是一个类似于电子表格的网格，用户可以在其中指定视图的选项。通过列条件区域可以指定要显示列的列名、列所属的表名、计算列的表达式、查询的排列次序、搜索条件、分组准则等。

3）SQL区域。该区域显示视图所要存储的查询语句。可以对设计器自动生成的SQL语句进行编辑，也可以输入自己的SQL语句。

4）结果区域。该区域显示最近执行的选择查询的结果。

 说明

可以通过"关系图区域""列条件区域"或"SQL区域"的任何一个区域进行修改，另外两个区域都会自动更新以保持一致。

2. 使用 T-SQL 语句创建视图

CREATE VIEW 语句是 T-SQL 创建视图的方法。语法如下：

```
CREATE VIEW <视图名>[( <列名>[,n])]
AS
 <SELECT 查询子句>
[WITH CHECK OPTION]
```

 参数说明

1）<视图名>新建视图的名称。

2）<列名>视图中的列使用的名称。

3）AS：指定视图要执行的操作。

4）<SELECT 查询子句>定义视图的 SELECT 语句。

5）[WITH CHECK OPTION]：表示对视图进行 UPDATE、INSERT 和 DELETE 操作时，要保证更新、插入或删除的行满足视图定义中的子查询条件。

训练 5-1 使用 T-SQL 语句创建视图 V_SC。

```
USE STUDENT
CREATE VIEW V_SC
AS
SELECT   S. SNO,S. SNAME,S. SDEPT,C. CNO
```

```
FROM S LEFT JOIN SC
WHERE S. SNO = C. SNO
```

输入结束后,单击工具栏中的【√】按钮,检查语法是否错误,如果检测通过,在结果窗口中显示"命令已成功完成"提示信息。

单击【执行】按钮,SQL 编辑器提交 T‑SQL 语句,然后发送到服务器,并返回执行结果。在查询窗口中会看到相应的提示信息。刷新【对象资源管理器】后可以看到已建立的视图。

训练 5-2　使用 T‑SQL 语句建立计算机系学生的视图 V_SDEPT ,并要求进行修改和插入操作时仍需保证该视图只有计算机系的学生。

在查询编辑器中输入以下语句,执行结果如图 5-3 所示。

```
CREATE VIEW V_SDEPT
AS
SELECT  *
FROM S
WHERE SDEPT = '计算机系'
WITH CHECK OPTION
```

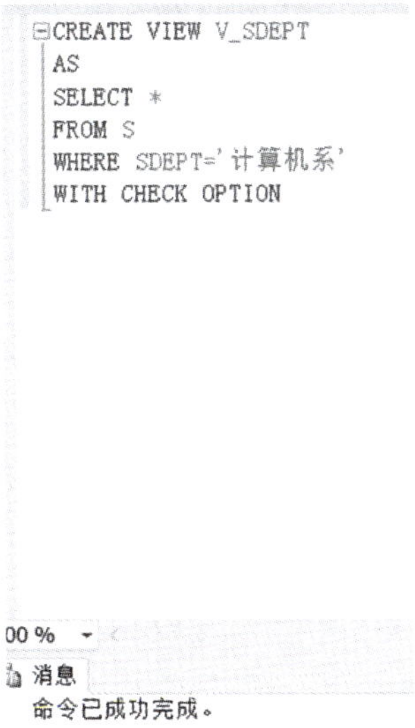

图 5-3　使用 T‑SQL 语句创建 V_SDEPT 视图

【任务5.2】 修改视图

◉ 任务导入

为了满足用户获取额外信息的要求或在底层表定义中进行修改的要求，经常需要对已经

91

建立的视图进行修改。可以通过使用 SSMS 工具或执行 T‑SQL 语句方式来修改视图。

任务描述

具体工作任务如下：

1）修改任务 5.1 中已经建立的视图 V_SC，使其只显示"计算机系"的学生信息和已选修课程信息。

2）观察结果区域的视图结果并根据实际情况进行验证。

3）视图修改好以后，保存已修改的视图。

任务实施

1. 使用 SSMS 工具修改视图

具体操作如下：

1）在【对象资源管理器】中展开【数据库】文件夹，并进一步展开 Student 文件夹。

2）展开【视图】选项，右击要修改的视图 V_SC，在弹出的快捷菜单中选择【设计】命令，打开视图设计对话框就可以修改视图的定义了。

3）在【列条件区域】的 SDEPT 列的筛选器中写上筛选条件"＝计算机系"，在 SQL 区域中就可以看到所生成的相应的 T‑SQL 语句，如图 5-4 所示。

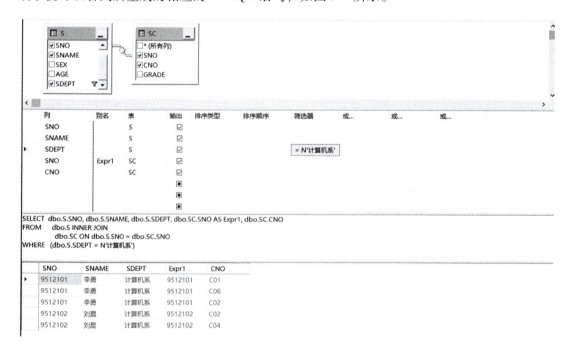

图 5-4　使用 SSMS 修改 V_SC 视图

4）单击工具栏上的【执行】按钮，在数据区域将显示包含在视图中的数据行，单击【保存】按钮，即可保存修改后的视图。

2. 使用 T‑SQL 语句修改视图

T‑SQL 提供了 ALTER VIEW 语句修改视图，语句格式如下：

```
ALTER VIEW <视图名>[( <列名>[,n])]
AS
 <SELECT 查询子句>
[WITH CHECK OPTION]
```

💡 说明

各参数的含义与创建视图 CREATE VIEW 语句的含义相同。

训练 5-3　使用 ALTER VIEW 语句修改视图。

```
USE Student
ALTER VIEW V_SC
AS
SELECT   S.SNO,S.SNAME,S.SDEPT,C.CNO
FROM S LEFT JOIN SC
WHERE S.SNO = C.SNO
AND   S.SDEPT = '计算机系'
WITH CHECK OPTION
```

【任务5.3】　删除视图 ⚙

🔷 任务导入

当一个视图不再需要时，可以对其进行删除操作，以释放存储空间。并且视图删除后，只会删除视图在数据库中的定义，而与视图有关数据表中的数据不会受到任何影响。同时由此导出的其他视图依然存在。

🔍 任务描述

1）使用 SSMS 工具视图界面删除任务 5.2 中修改后的视图 V_SC。

2）使用 T‑SQL 删除任务 5.2 中修改后的视图 V_SC。

⚛ 任务实施

1. 使用 SSMS 工具删除视图

删除任务 5.2 中修改后的视图 V_SC，具体操作如下：

1）在【对象资源管理器】中展开【数据库】文件夹，并进一步展开 Student 文件夹。

2）展开【视图】选项，右击要删除的视图 V_SC，在弹出的快捷菜单中选择【删除】命令，进入【删除对象】窗口，单击【确定】按钮即可删除视图，如图 5-5 所示。

图 5-5　删除视图 V_SC

2. 使用 T‑SQL 语句删除视图

T‑SQL 提供了 DROP VIEW 语句删除视图，语句格式如下：

```
USE STUDENT
DROP VIEW <视图名 >
```

训练 5-4　使用 DROP VIEW 语句删除视图。

```
USE Student
DROP VIEW V_SC
```

【任务 5.4】　使用视图

🔵 任务导入

视图创建完毕后，就可以如同查询基本表一样，通过视图可以查询所需要的数据，而且有些查询需要的数据直接从视图中获取比从基本表中获取要简单，也可以通过视图修改基本表中的数据。

任务描述

1）使用SSMS工具视图界面查询任务5.2中的视图V_SC的所有数据。

2）使用T-SQL查询任务5.2中的视图V_SC的所有数据。

3）使用SSMS工具将任务5.2视图V_SC中学号为9512101的学生姓名改为"王勇"。

4）使用T-SQL语句将任务5.2视图V_SC中学号为9512101的学生姓名改为"王勇"。

任务实施

1. 使用SSMS工具使用视图

1）查询任务5.2中的视图V_SC的所有数据，具体操作如下：

① 在【对象资源管理器】中展开【数据库】文件夹，并进一步展开Student文件夹。

② 展开【视图】选项，右击要展示的视图V_SC，在弹出的快捷菜单中单击【选择前1000行】命令，进入数据浏览窗口，如图5-6所示。

2）将任务5.2中的视图V_SC中学号为9512101的学生姓名改为"王勇"。

更新视图的数据，其实就是对基本表的更新。这是由于视图是不实际存储数据的虚表，对视图的更新最终要转换为对基本表的更新。

对于视图数据的更新操作（INSERT、DELETE，UPDATA），有以下三条规则：

① 如果一个视图是从多个基本表使用连接操作导出的，那么不允许对这个视图执行更新操作。

图5-6 展示视图V_SC

② 如果在导出视图的过程中，使用了分组和统计函数操作，也不允许对这个视图执行更新操作。

③ 行、列子集视图是可以执行更新操作的。

具体操作如下：

① 在【对象资源管理器】中展开【数据库】文件夹，并进一步展开Student文件夹。

② 展开【视图】选项，右击视图V_SC，在弹出的快捷菜单中选择【编辑前200行】命令，进入数据更新窗口，可直接在更新窗口编辑数据。

2. 使用 T－SQL 语句使用视图

查询视图中的所有数据，格式如下：

```
SELECT *
FROM <视图名 >
```

训练 5-5　查询任务 5.2 中视图 V_SC 的所有数据。

```
USE Student
SELECT *
FROM   V_SC
```

格式如下：

```
UPDATE <表名 >
SET <列名 > = <表达式 >[ ,… n]
[WHERE <逻辑表达式 >]
```

训练 5-6　使用 T－SQL 语句将任务 5.2 视图 V_SC 中学号为 9512101 的学生姓名改为"王勇"

```
USE Student
UPDATE V_SC
SET SNAME = '王勇'
WHERE SNO = 9512101
```

训练 5-7　使用 T－SQL 语句删除任务 5.2 视图 V_SC 中学号为 9512101 的记录。

```
USE STUDENT
DELETE FROM V_MA
WHERE SNO = '9512101'
```

【同步实训】　创建图书管理数据库中的视图 ✿

1. 实训目的

1）进一步熟悉 SSMS 工具的使用。

2）学会使用 T－SQL 语句创建、修改和删除视图。

3）掌握对视图数据进行增、删、改的操作。

2. 实训内容

1）在图书管理数据库 tsgl 中分别使用 T‒SQL 语句创建图书视图 v_ts、读者视图 v_dz、借阅视图 v_jy，这三个视图的结构如下：

① v_ts（读者编号、姓名、单位、书号）。

② v_dz（读者编号、姓名、单位、性别、电话）。

③ v_jy（书号、编号、借阅日期、还书日期）；书号和编号为主键，同时分别为 ts 和 dz 的外键，借阅日期和还书日期为日期型。

2）将视图 v_dw 中书号为"111000"的书名修改为"计算机基础"。

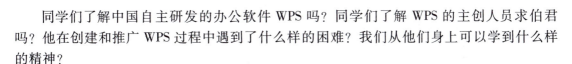

【拓展活动】

同学们了解中国自主研发的办公软件 WPS 吗？同学们了解 WPS 的主创人员求伯君吗？他在创建和推广 WPS 过程中遇到了什么样的困难？我们从他们身上可以学到什么样的精神？

【单元小结】

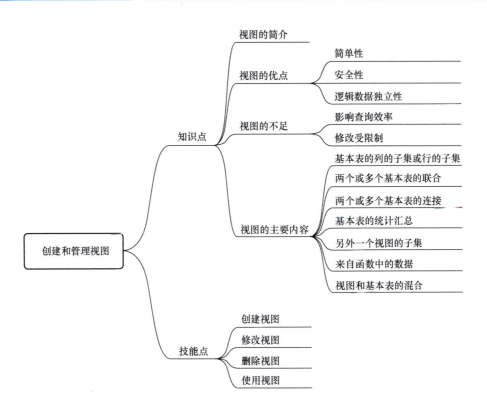

【思考与练习】

一、选择题

1. 下列哪些是视图的优点（　　）。

A. 简单性　　　　　B. 安全性　　　　　C. 逻辑数据独立性　　　　　D. 实用性

2. 视图的内容包括如下几个方面（　　）。

A. 基本表的列的子集或行的子集　　　　B. 两个或多个基本表的联合

C. 两个或多个基本表的连接　　　　D. 另外一个视图的子集

3. 使用 T‑SQL 创建视图的关键词是（　　）。

A. CREATE VIEW　　　　　　B. CREATE TABLE

C. CREATE DATABASE　　　　D. CREATE INDEX

4. 使用 T‑SQL 修改视图的关键词是（　　）。

A. ALTER TABLE　　　　　　B. ALTER VIEW

C. ALTER DATABASE　　　　D. ALTER INDEX

5. 使用 T‑SQL 删除视图的关键词是（　　）。

A. DROP TABLE　　　　　　B. DROP VIEW

C. DROP DATABASE　　　　D. DROP INDEX

二、填空题

1. 视图的不足：＿＿＿＿＿＿和＿＿＿＿＿＿。

2. 使用 CREATE 语句创建视图时在工具栏单击＿＿＿＿＿＿按钮，开始输入 T‑SQL 语句。

3. 使用 T‑SQL 创建视图时，WITH CHECK OPTION 语句表示对视图进行 UPDATE、IN-SERT 和 DELETE 操作时要保证更新、插入或删除的行满足视图定义中的＿＿＿＿＿＿。

三、简答题

1. 简述视图的主要内容。

2. 数据库的事务日志文件有什么作用？

单元6

创建和管理索引

📝学习目标

🔍 知识目标

➢ 熟悉索引的基本概念。

➢ 掌握索引的创建、修改和删除等操作。

◈ 技能目标

➢ 能够使用 SQL Server Management Studio 创建索引。

➢ 能够使用 T‐SQL 创建索引。

➢ 能够对索引进行查看、修改等操作。

【知识储备】 索引

1. 索引的简介

数据库的每个表的数据都存储在数据页的集合中，数据页是无序存放的。而表中的行在数据页中也是无序存放的。数据的访问方式有两种：一是使用表扫描访问数据，即通过遍历表中的所有数据查找满足条件的元组；二是使用索引扫描访问数据，即通过索引查找满足条件的行。数据库的索引类似于书籍的索引。在书籍中，索引可使用户不必翻阅完整本书就能迅速地找到所需要的信息。在数据库中，索引是一种逻辑排序方法，此方法并不改变打开的数据库文件记录数据的物理排列顺序，而只是建立一个与该数据库相对应的索引文件，记录的显示和处理将按索引表达式指定的顺序进行。

2. 索引的优点

1）通过创建唯一性索引，可以保证数据库表中每一行数据的唯一性。
2）可以大大加快数据的检索速度，这也是创建索引的最主要原因。
3）可以加速表和表之间的连接，特别是在实现数据的参照完整性方面有重要意义。
4）在使用分组和排序子句进行数据检索时，同样可以显著减少查询中分组和排序的时间。
5）通过使用索引，可以在查询的过程中使用优化隐藏器提高系统的性能。

3. 索引的不足

1）创建索引和维护索引要耗费时间，所耗费的时间随着数据量的增加而增加。
2）索引需要占用物理空间，除了数据表占用数据空间之外，每一个索引还要占用一定的物理空间。如果要建立聚集索引，那么需要的空间就会更大。
3）当对表中的数据进行增加、删除和修改的时候，索引也要动态地维护，这样就降低了数据的维护速度。

4. 索引的分类

在 SQL Server 中，索引按不同的划分可以分为聚集索引和非聚集索引、唯一索引和非唯一索引、简单索引和复合索引。

（1）聚集索引和非聚集索引

聚集索引会对基本表进行物理排序，所以这种索引对查询非常有效，在每一张基本表中只能有一个聚集索引。当建立主键约束时，如果基本表中没有聚集索引，SQL Server 会用主键列作为聚集索引键。尽管可以在表的任何列或列的组合上建立索引，实际应用中一般为定义成主键约束的列建立聚集索引。例如，汉语字典的正文内容本身就是按照音序排列的，而"汉语拼音音节表"就可以被认为是"聚集索引"。

非聚集索引不会对基本表进行物理排序。如果表中不存在聚集索引，则基本表是未排序的。因为一个表中只能有一个聚集索引，如果需要在表中建立多个索引，则可以创建为非聚

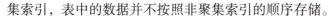

集索引，表中的数据并不按照非聚集索引的顺序存储。

（2）唯一索引和非唯一索引

唯一索引确保在被索引的列中，所有数据都是唯一的，不包含重复的值。如果表具有主键或唯一性约束，那么在执行 CREATE TABLE 语句或 ALTER TABLE 语句时，SQL Server 会自动创建唯一索引。非唯一索引允许所保存的列中出现重复的值，所以在处理数据时，非唯一索引会比唯一索引带来更大的开销。唯一索引通常用于实现对数据的约束，譬如对主键的约束。非唯一索引则通常用于实现对非主键列的元组定位。

无论是聚集索引，还是非聚集索引，都可以是唯一索引。在 SQL Server 中，当唯一性是数据本身的特点时，可创建唯一索引，但索引列的组合不同于表的主键。例如，如果要频繁查询表 Employees（员工表：主键为列 Emp_id）的列 Emp_name（员工姓名），而且要保证员工姓名是唯一的，则可以在列 Emp_name 上创建唯一索引。如果用户为多个员工输入了相同的姓名，则数据库显示错误，并且不能把这些相同姓名的元组存入该表。

（3）简单索引和复合索引

只针对基本表的一列建立的索引，这种索引称为简单索引（singleindex）。

针对多个列（最多包含 16 列）建立的索引称为复合索引或组合索引（compositeindex）。

【任务 6.1】 创建索引

任务导入

在 SQL Server 中，创建索引可以分为直接方式和间接方式两种。直接方式是指用户利用 SSMS 工具图形化方式或 T－SQL 语句方式来创建索引。间接方式是指在创建其他对象的同时创建索引。

任务描述

利用学生管理数据库的学生信息表 S 的 SNO 创建索引 I_SNAME。具体任务如下：

1）以任务 3.1 中的数据表 S 为基础，建立一个名为 I_SNAME 的索引。该索引可显示学生姓名所在行数。

2）观察索引结果并根据实际情况进行验证。

3）索引建立好以后，保存已建立的索引。

任务实施

在已建立好的数据库中可以建立一个新的数据表，同样也可以建立一个新的索引来满足用户的数据实时查询需求。在开发应用程序时，若为用户展现一个符合实际环境需求且不破坏数据库整体布局的数据查询快捷界面，建立索引是一个最佳的选择。索引可以随着所引用的基本表中数据的变化而变化，实时更新，便于维护和调用。

1. 使用 SSMS 工具创建索引

1）在【对象资源管理器】中，右击要建立约束的表 S，在弹出的快捷菜单中选择【设计】命令，在表设计器中打开该表。在表设计器中，选择【SNAME】字段，在任意列上右击，在弹出的快捷菜单中选择【索引/键】命令，打开【索引/键】对话框。

2）在【索引】→【名称】中为索引命名。在【列】中选择要创建索引的列 I_SNAME，【是唯一的】文本框中选择"是"来创建一个唯一性约束，如图 6-1 所示。

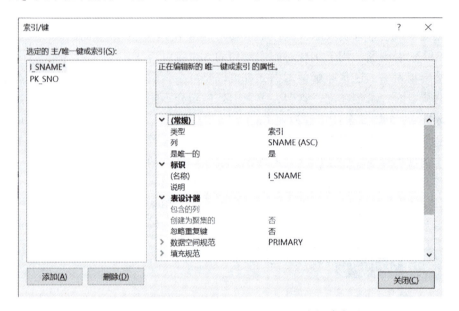

图 6-1 在 SQL Server Management Studio 中创建索引

3）展开【对象资源管理器】窗口中表的索引列，即可看到刚刚创建的索引。

2. 使用 T-SQL 语句创建索引

CREATE INDEX 语句是 T-SQL 创建数据库的方法。语法如下：

```
CREATE[UNIQUE][CLUSTERED |NOCLUSTERED]INDEX <索引名 >
ON <表名或视图名 >( <列名 >[ASC |DESC][ ,…n])
WITH PAD_INDEX
FILLFACTOR = <填充因子 >
IGNORE_DUP_KEY
```

🔍 参数说明

1） <索引名 >指新建索引的名称。

2） <列名 >指索引中的列使用的名称。

3） UNIQUE 指定创建的索引为唯一索引。如果此选项省略，则为非唯一索引。

4） CLUSTERED | NOCLUSTERED 用于指定创建的索引为聚集索引或非聚集索引。如果此选项省略，则创建的索引默认为非聚集索引。

5） ASC | DESC 用于指定索引列升序或降序，默认设置为 ASC（升序）。

6）PAD_INDEX 指定索引填充，取值为 ON 或者 OFF，默认值为 OFF。

训练6-1　以任务 3.1 中的数据表 S 为基础，建立一个名为 I_SNAME 的索引。

```
USE Student
CREATE UNIQUE INDEX I_SNAME
ON S(SNAME)
```

单击【执行】按钮，则 SQL 编辑器提交 T‒SQL 语句，然后发送到服务器，并返回执行结果。在查询窗口中会看到相应的提示信息。刷新【对象资源管理器】后可以看到已建立的索引。

训练6-2　使用 T‒SQL 语句，为学生管理数据库的课程信息表 C 的列 CNAME 创建名为 I_CNANIE 的唯一索引。

```
USE Student
CREATE UNIQUE INDEX I_CNAME
ON C(CNAME)
```

【任务6.2】　管理索引

任务导入

索引需要定期进行管理，以提高空间的利用率。譬如只有删除索引块当中所有索引行，索引块空间才会被释放。又如在索引列上频繁执行 UPDATE 或 INSERT 操作时，也应当定期重建索引以提高空间利用率。

任务描述

具体工作任务如下：
1）查看、修改任务 6.1 已经建立的索引 I_SNAME。
2）观察索引结果并根据实际情况进行验证。
3）索引修改好以后，保存已修改的索引。

任务实施

1. 使用 SSMS 工具查看和修改索引

1）在【对象资源管理器】中展开【数据库】文件夹，并进一步展开 Student 文件夹。
2）展开要查看的【索引】的表的下属对象，选择索引对象 I_SNAME，在弹出的快捷菜单中选择【设计】命令，打开索引设计对话框就可以修改索引的定义了。
3）如果要查看、修改索引的相关属性，选择相应的索引并右击，在弹出的快捷菜单中选择【属性】命令，弹出【索引属性】对话框，如图 6-2 所示。在【索引属性】对话框中的各个选择页中可以查看、修改索引的相关属性。

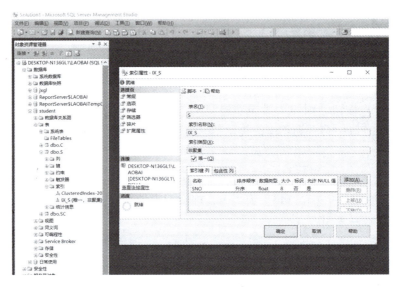

图 6-2 在 SQL Server Management Studio 中查看、修改索引属性

2. 使用 T‑SQL 语句查看和修改索引

T‑SQL 提供的 EXEC sp_helpindex 语句可查看索引，语句格式如下：

```
EXEC sp_helpindex <表名称>
```

训练 6-3 使用 T‑SQL 语句查看任务 6.1 中创建的学生管理数据库的 S 表的索引。

```
USE Student
EXEC sp_helpindex S
```

T‑SQL 提供的 EXEC sp_rename 可更改索引的名称，语句格式如下：

```
EXEC sp_rename <表名称>,<旧名称>,<新名称>
```

训练 6-4 使用 T‑SQL 语句将任务 6.1 中创建的学生管理数据库的 S 表的索引 I_SNAME 修改为 I_S。

```
USE Student
EXEC sp_helpindex S
USE STUDENT
EXEC sp_rename  'S. SNAME','I_S'
```

【同步实训】 创建和管理图书管理数据库的索引

1. 实训目的

1）进一步熟悉 SSMS 工具的使用。

2）学会使用 T‑SQL 语句创建、查看和修改索引。

2. 实训内容

1）在图书管理数据库 tsgl 中分别使用 T‑SQL 语句创建图书索引 I_TNO、读者索引 I_DNO、借阅索引 I_JY，这三个索引的结构如下：

① I_TNO（读者编号）；

② I_DNO（读者编号、姓名）；

③ I_JY（书号）；

2）修改索引 I_DNO 的索引名为"I_td"。

【拓展活动】

请同学们了解公务员职业道德楷模翟旗的事迹。在事不避难、义不逃责，恪守职业道德的翟旗的事迹中可以受到什么样的启发？

【单元小结】

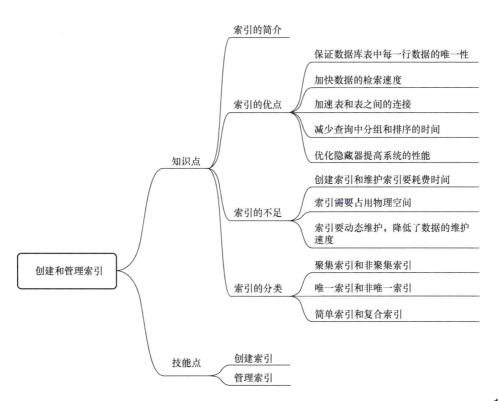

【思考与练习】

一、选择题

1. 创建索引的命令是（　　）。

A. CREATE TRIGGER   B. CREATE PROCEDURE

C. CREATE FUNCTION   D. CREATE INDEX

2. 下列哪类数据不适合创建索引（　　）。

A. 经常被查询搜索的列，如经常在 WHERE 子句中出现的列

B. 是外键或主键的列

C. 包含太多重复选用值的列

D. 在 ORDERBY 子句中使用的列

3. "CREATE UNIQUE INDEX INDEX_readerID ON readers（readerID）"将在 readers 表上创建名为 INDEX_ readerID 的（　　）。

A. 唯一索引   B. 聚集索引   C. 复合索引   D. 唯一聚集索引

4. 索引是在基本表的列上建立的一种数据库对象，它同基本表分开存储，使用它能够加快数据（　　）的速度。

A. 插入   B. 修改   C. 删除   D. 查询

5. 以下关于索引的正确叙述是（　　）。

A. 使用索引可以提高数据的查询速度和数据的更新速度

B. 使用索引可以提高数据的查询速度，但会降低数据的更新速度

C. 使用索引可以提高数据的查询速度，对数据的更新速度没有影响

D. 使用索引对数据的查询速度和数据的更新速度均没有影响

二、填空题

1. 索引的建立有利有弊，建立索引可以_____，但过多建立索引会_____。

2. 索引可以在_____时创建，也可以在_____创建。

3. SQL Server 索引的结构是一个_____，其结构以一个根节点开始，这个根节点是索引的_____。

4. 创建唯一性索引时，应保证不包括重复的数据，并且没有两个或两个以上的空值。如果有这种数据，必须先将其_____，否则索引不能成功创建。

5. 在一列设置唯一性约束时自动在该列上创建_____。

三、简答题

1. 聚集索引与非聚集索引的区别是什么？

2. 索引是否越多越好？什么样的列才适合创建索引？

单元7

数据库设计

学习目标

知识目标

➤ 熟悉数据库设计的基本概念。

➤ 掌握数据库设计的基本方法。

技能目标

➤ 能够进行单个实体的 E−R 模型的设计。

➤ 能够进行多个 E−R 模型的设计，并确定不同实体间的联系。

➤ 能够进行局部 E−R 模型的设计等操作。

【知识储备 7.1】 数据库设计目标、方法和基本步骤

1. 数据库设计目标

在数据库领域内，通常把使用数据库的各类信息系统称为数据库应用系统。例如，以数据库为基础的各种管理信息系统、办公自动化系统、地理信息系统、电子政务系统、子商务系统等都可以称为数据库应用系统。数据库应用系统是指创建一个性能良好的、能满足不同用户使用要求的、又能被选定的 DBMS 所接受的数据库以及基于该数据库上的应用程序，而其中的核心问题是数据库的设计。数据库设计目标是为用户和各种应用系统提供一个较好的信息基础设施和高效率的运行环境。高效率的运行环境包括数据库的存取效率、数据库存储空间的利用率、数据库系统运行管理的效率等。数据库设计的目标主要包括如下几个方面的内容：

1）最大限度地满足用户的应用功能需求。主要是指用户可以将当前与可预知的将来应用所需要的数据及其联系，全部准确地存放在数据库中。

2）获得良好的数据库性能。即要求数据库设计保持良好的数据特性以及对数据的高效率存取和资源的合理使用，并使建成的数据库具有良好的数据共享性、独立性、完整性及安全性等。

3）满足对现实世界模拟的精确度要高。

4）数据库设计应充分利用和发挥现有 DBMS 的功能和性能。

5）符合软件工程设计要求，因为应用程序设计本身就是数据库设计任务的一部分。

2. 数据库设计方法

人们将软件工程的思想和方法应用于数据库设计实践中，提出了许多优秀的数据库设计方法，例如新奥尔良法、3NF 设计方法、对象定义语言法、基于 E-R 模型的数据库设计方法等。

其中，基于 E-R 模型的数据库设计方法是数据库概念设计阶段广泛采用的方法，其基本思想是在需求分析的基础上用 E-R 图构造一个反映现实世界客观事物及其联系的概念模式，它完成了现实世界向概念世界的转换过程。

3. 数据库设计的基本步骤

在数据库设计过程中，需求分析和概念设计可以独立于任何数据库管理系统，逻辑设计和物理设计与具体的数据库管理系统密切相关。数据库设计的步骤可以分为需求分析、概念结构设计、逻辑结构设计、物理结构设计、数据库实施、数据库运行和维护六个阶段。

【知识储备 7.2】 概念模型

1. 概念模型的简介

人们把客观存在的事物以数据的形式存储到计算机中，经历了对现实生活中事物特性的

认识、概念化到计算机数据库中的具体表示的逐级抽象过程，即需要进行两级抽象。首先把现实世界转换为概念世界，然后将概念世界转换为某一个数据库管理系统所支持的数据模型，即现实世界-概念世界-数据世界3个阶段。有时也将概念世界称为信息世界，将数据世界称为机器世界。

概念模型也称为信息模型，是对现实世界的认识和抽象描述，按用户的观点对数据和信息进行建模，不考虑在计算机和数据库管理系统上的具体实现，所以被称为概念模型。概念模型是对客观事物及其联系的一种抽象描述，它的表示方法很多，目前较常用的是实体-联系模型（E-R模型）。E-R模型是现实世界到数据世界的一个中间层，它表示实体及实体间的联系。

2. 概念模型的几个关键词

1）实体（Entity）。客观存在、可以相互区别的事物称为实体。实体可以是具体的对象，例如一名男学生、一辆汽车等；也可以是抽象的对象，例如一次借书、一场足球比赛等。

2）实体集（Entity set）。性质相同的同类实体的集合，称为实体集。例如所有的男学生，全国足球锦标赛的所有比赛等。有时，在不引起混淆的情况下也称实体集为实体。

3）属性（Attribute）。实体有很多特性，每一个特性称为一个属性。每一个属性有一个值域，其类型可以是整数型、实数型、字符串型等。例如，实体学生有属性学号、姓名、年龄、性别等。

4）实体标识符（Entity identifier）。能唯一标识实体的属性或属性集，称为实体标识符。例如，学生的学号可以作为学生实体的标识符。

E-R图是用一种直观图形方式建立现实世界中实体与联系模型的工具，也是进行数据库设计的一种基本工具。

【任务7.1】 单个实体的E-R模型创建

◉ 任务导入

在E-R图中用矩形表示现实世界中的实体，用椭圆形表示实体的属性，用菱形表示实体间的联系。实体名、属性名和联系名分别写在相应的图形框内，并用线段将各框连接起来。

◉ 任务描述

学生管理系统中最基本的实体就是"学生"。

1）以"学生"这一实体为主要设计对象，建立实体的E-R图。

2）要求不仅要建立实体E-R图，还要表明实体的多种属性。

◉ 任务实施

学生实体由学号、姓名、性别、年龄、系别等属性组成，具体学生"李勇"的信息

（9512101，'李勇'，'男'，19，'计算机系'）是一个实体，其中9512101表示学生的学号。计算机系全体学生的数据集也是一个实体，其中学号、姓名、性别、年龄、系别等是实体的属性，9512101是实体标识符。学生实体的E-R图如图7-1所示。

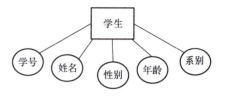

图7-1 学生实体的E-R图

训练7-1 以"班级"这一实体为主要设计对象，建立实体的E-R图，表明实体的多种属性，如图7-2所示。

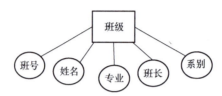

图7-2 "班级"实体的E-R图

【任务7.2】 多实体间的E-R模型创建

任务导入

现实世界的客观事物之间是有联系（Relationship）的，即很多实体之间是有联系的。例如，学生和选课之间存在选课联系，教师和学生之间存在讲授联系。实体间的联系是错综复杂的，有两个实体之间的联系，称为二元联系；也有多个实体之间的联系，称为多元联系。实体间的联系如下：

1）一对一联系（1:1）。如果对于实体集A中的每一个实体，实体集B中至多有一个（也可以没有）实体与之联系，反之亦然，则称实体集A与实体集B具有一对一联系，记为1:1。

例如，在学校中，一个班级只有一个班长，而一个班长只在一个班中任职，则班级与班长之间的联系就是一对一联系。

2）一对多联系（1:N）。如果对于实体集A中的每一个实体，实体集B中有N（N≥0）个实体与之联系，反之，对于实体集B中的每一个实体，实体集A中至多只有一个实体与之联系，则称实体集A与实体集B有一对多联系，记为1:N。例如，一个班级中有多名学生，而每个学生只能属于一个班级，则班级与学生之间的联系就是一对多联系。

3）多对多联系（M:N）。如果对于实体集A中的每一个实体，实体集B中有N（N≥0）个实体与之联系，反之，对于实体集B中的每一个实体，实体集A中也有M（M≥0）个实体与之联系，则称实体集A与实体集B具有多对多联系，记为M:N。

任务描述

具体工作任务如下：

1）以"班长-班级"这对实体为主要设计对象，建立实体的 E-R 模型；

2）要求不仅要建立实体 E-R 图，还要表明实体的多种属性。

🔗 任务实施

以"班长-班级"这一对实体为主要设计对象，建立实体的 E-R 模型。

1）首先画出班长和班级这两个实体，用矩形表示。并画出每个实体的属性，用椭圆形表示。

2）画出两个实体中间的联系用菱形表示。

3）用直线将实体与联系进行连接，并在连接线的上方标注比例。如图 7-3 所示。

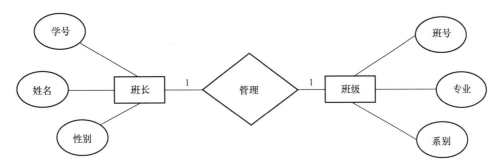

图 7-3 "班长-班级"的 E-R 图

训练 7-2 以"学生-班级"这对实体为主要设计对象，建立实体的 E-R 模型，如图 7-4 所示。

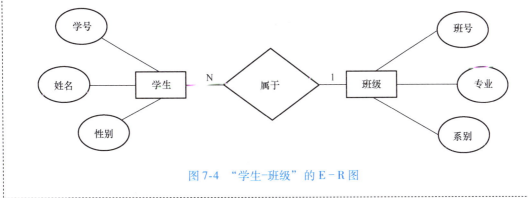

图 7-4 "学生-班级"的 E-R 图

训练 7-3 以"学生-课程"这对实体为主要设计对象，建立实体的 E-R 模型，如图 7-5 所示。

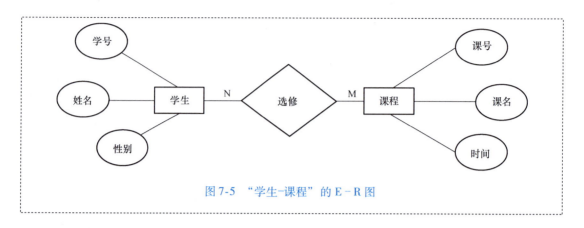

图 7-5 "学生-课程"的 E-R 图

【同步实训】 建立 "读者-图书" 的 E-R 模型

1. 实训目的

1）进一步熟悉建立实体的 E-R 模型。

2）学会使用 E-R 模型将现实中的事物进行转化。

2. 实训内容

以图书管理中的读者、图书这两个实体以及它们之间的借阅关系为主要设计对象，建立相应的 E-R 模型。

【拓展活动】

同学们了解中国研发的万米载人潜水器"奋斗者"号的事迹吗？请同学们查询了解创建"奋斗者"号的事迹，谈谈对于探索创新精神的体会。

【单元小结】

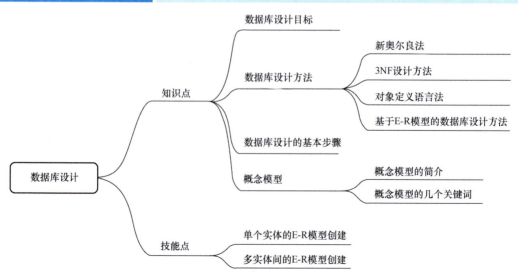

【思考与练习】

一、选择题

1. E－R 图是数据库设计的工具之一，它适用于建立数据库的（　　　）。

A. 概念模型　　　　B. 逻辑模型　　　　C. 结构模型　　　　D. 物理模型

2. 数据库概念设计的 E－R 图中，用属性描述实体的特征，属性在 E－R 图中用（　　　）表示。

A. 矩形　　　　　　B. 四边形　　　　　C. 菱形　　　　　　D. 椭圆形

3. 在 E－R 模型中，实体间的联系用（　　　）图标来表示。

A. 矩形　　　　　　B. 直线　　　　　　C. 菱形　　　　　　D. 椭圆

二、简答题

请举出一对一、一对多、多对多三种联系的实例，并用 E－R 图描述。

单元8

存 储 过 程

🔍 知识目标

➤ 熟悉存储过程的基本概念。

➤ 掌握存储过程的创建、调用和删除等操作。

📑 技能目标

➤ 能够使用 SQL Server Management Studio 创建存储过程。

➤ 能够使用 T – SQL 创建存储过程。

➤ 能够对存储过程进行创建、调用、删除等操作。

【知识储备 8.1】 存储过程概述

1. 存储过程的简介

存储过程是 T‒SQL 语句和流程控制语句的预编译集合，以一个名称存储并作为一个单元处理。存储过程存储在数据库内，可由应用程序通过一个调用执行，而且允许用户声明变量、有条件执行，并且具有强大的编程功能。存储过程包含程序流、逻辑以及对数据库的查询。

2. 存储过程的优点

1）提高了处理复杂任务的能力。主要用于数据库中执行操作的编程语句，通过接收输入参数，以输出参数的格式，向调用过程或批处理返回值。

2）增强了代码的复用率和共享性。存储过程只需编译一次，以后可以多次执行，因此使用存储过程可以提高应用程序的性能。

3）减少网络中的数据流量。譬如一个需要数百行 SQL 代码的操作可以用一条执行语句完成，不需要在网络中发送数百行代码，从而大大减轻了网络负荷。

4）可作为安全机制使用。数据库用户可以通过得到权限来执行存储过程，而不必给予用户直接访问数据库对象的权限。这样，对于数据表，用户只能通过存储过程来访问，并进行有限的操作，从而保证了表中数据的安全。

3. 存储过程的不足

1）如果需要对存储过程的输入参数进行更改，或者要更改由其返回的数据，则需要更新程序集中的代码以添加参数、更新调用等，一般比较烦琐。

2）可移植性差。由于存储过程将应用程序绑定到 SQL Server，因此使用存储过程封装业务逻辑将限制应用程序的可移植性。

3）很多存储过程不支持面向对象的设计，无法采用面向对象的方式将业务逻辑进行封装，从而无法形成通用的可支持复用的业务逻辑框架。

4）代码可读性差，因此一般比较难以维护。

【知识储备 8.2】 存储过程的分类

SQL Server 存储过程可以分为三类：系统存储过程、扩展存储过程和用户自定义存储过程。

1. 系统存储过程

系统存储过程是由 SQL Server 系统提供的存储过程，可以作为命令执行各种操作。系统存储过程主要用来从系统表中获取信息，为系统管理员管理 SQL Server 提供帮助，为用户查看数据库对象提供方便。例如，执行 sp_helptest 系统存储过程可以显示默认值、未加密的存储过程、用户函数、触发器或视图等对象的文本信息；执行 sp_depends 系统存储过程可以显示有关数据库对象相关性的信息；执行 sp_rename 系统存储过程可以更改当前数据库中用户创建对象的名称。SQL Server 中许多管理工作是通过执行系统存储过程来完成的，许多系统信息也可以通过执行系统存储过程而获得的。

2. 扩展存储过程

扩展存储过程以在 SQL Server 环境外执行的动态链接库来实现。扩展存储过程通过前缀 xp_来标识，以与系统存储过程相似的方式来执行。扩展存储过程能够在编程语言（例如：C++）中创建自己的外部历程，其显示方式和执行方式与常规存储过程一样。可以将参数传递给扩展存储过程，而且扩展存储过程也可以返回结果和状态。

3. 用户自定义存储过程

用户自定义存储过程是用户创建的一组 T-SQL 语句集合，可以接收和返回用户提供的参数，完成某些特定功能。

【任务 8.1】 创建存储过程

◈ 任务导入

存储过程是一组预编译的 T-SQL 语句，存储在 SQL Server 中，被作为一种数据库对象保存起来。存储过程的执行不是在客户端而是在服务器端（执行速度快）。存储过程可以是一条简单的 T-SQL 语句，也可以是复杂的 T-SQL 语句和流程控制语句的集合。

◉ 任务描述

在学生管理数据库中，利用【新建存储过程】面板，创建学号和课程编号参数的成绩查询存储过程 SC_GRADE。

⊛ 任务实施

创建存储过程通常有两种方式：一种是使用 SSMS 工具创建，另一种是使用 T-SQL 语句创建。

1. 使用 SSMS 工具创建存储过程

在创建存储过程之前应考虑好存储过程需要调用哪些基本表中的字段，如何安排调用顺序等问题。下面对存储过程的建立过程进行简单的说明。

1）展开【对象资源管理器】中要创建存储过程的数据库。单击【数据库】前的"+"或者双击【数据库】，进一步展开 Student 文件夹，双击【可编程性】进一步展开后选择【存储过程】并右击，在弹出的快捷菜单中选择【新建存储过程】即可进入存储过程设计界面，如图 8-1 所示。模板中有些参数是用户可以自己指定的。第 21 行之前的部分可以不修改。第 21 行 CREATE PROCEDURE 是关键字，< Procedure_Name，sysname，ProcedureName >是定义过程名称部分。第 23 行和 24 行定义参数部分。需要修改参数的三个元素：参数的名称、数据类型以及默认值。参数定义的格式如下：＜参数名＞＜参数类型＞［＝＜默认值＞］。

图 8-1　存储过程设计界面

2）第 29 行的 SET NOCOUNT 语句，语句格式为：SET NOCOUNT ON | OFF，当 SET NOCOUNT 为 ON 时，不返回计数（表示受 T－SQL 语句影响的行数）。当 SET NOCOUNT 为 OFF 时，返回计数。

3）第 32 行是用户根据需要编写的 T－SQL 语句。

4）若要保存脚本，在【文件】菜单中单击【保存】命令。接收该文件名或将其替换为新的名称，再单击【保存】按钮。

2. 使用 T－SQL 语句创建存储过程

下面使用 CREATE PROCEDURE 语句创建存储过程，语法格式如下：

```
CREATE PROCEDURE1PROC ＜存储过程名＞[;n]
 ＜@ 形参名＞＜数据类型 1＞[,…n]
 ＜@ 变参名＞＜数据类型 2＞[OUTPUT][,…n]
[WITH RECOMPILE |ENCRYPTION]
[FOR REPLICATION]
AS
 ＜T－SQL 语句＞|＜语句块＞
```

🔍 参数说明

1）＜存储过程名＞为新建的存储过程名称。

2）n 是可选的整数，用于将相同名称的过程进行组合，使得它们可以用 DROP PROCE-DURE 语句删除。例如，名为 PRO_RYB 的存储过程可以命名为 "PRO_RYB；1" "PRO_

117

RYB；2"等，用"DROP PROCEDURE PRO_RYB"语句则可删除整个存储过程组。

3）<@形参名>为过程中的参数。在 CREATE PROCEDURE 语句中可以声明一个或多个参数。

4）<数据类型 1>为参数的数据类型。参数数据类型可以是 SQL Server 中支持的所有数据类型，也可以是用户定义的数据类型。

5）<@变参名>指定作为输出参数支持的结果集。

6）<数据类型 2>为游标数据类型（CURSOR）。游标数据类型只能用于输出参数。

7）OUTPUT 表示该参数是返回参数。

8）RECOMPILE 指明存储过程不驻留在内存，而在每次执行时重新编译。

9）ENCRYPTION 用于对所创建存储过程的系统表 syscomments 进行加密，使其他用户无法查询到存储过程的创建语句。

10）FOR REPLICATION 表示存储过程只能在复制过程中执行，和 ENCRYPTION 不能同时使用。

训练 8-1 使用 T－SQL 语句利用学生管理数据库的 SC 表，返回学号为 9512101 学生的成绩情况，如图 8-2 所示。

```
USE STUDENT
CREATE PROCEDURE PS_GRADE
@ S_NAME CHAR(8)
AS
SELECT SNAME,CNAME,GRADE
FROM S JOIN SC  ON S. SNO = SC. SNO AND SNAME = @ S_NAME
JOIN C ON SC. CNO = C. CNO
```

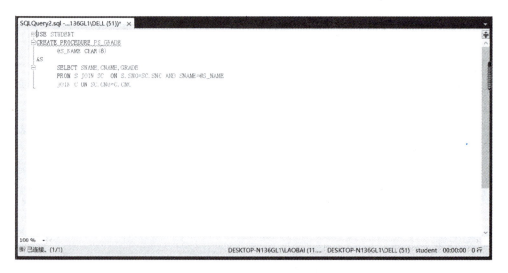

图 8-2　使用 T－SQL 语句创建存储过程

【任务8.2】 调用存储过程 ⚙

◈ 任务导入

存储过程建立好之后，可以通过执行 T - SQL 语句的方式来调用已经建立好的存储过程。

🔍 任务描述

具体工作任务如下：

1）调用已经建立的存储过程 PS_GRADE。

2）查询 SNAME 为"李勇"的所有成绩。

⚙ 任务实施

在需要执行存储过程时，可以使用 T - SQL 语句的 EXECUTE（可以简写为 EXEC）关键字。如果存储过程是批处理中的第一条语句，那么不使用 EXECUTE 关键字也可以执行该存储过程，EXECUTE 语法格式如下：

```
[EXECUTE |EXEC]
{
[ <@ 状 态 变 量 > = ]
（存储过程名）
[[ <@ 过 程 参 数 >] = <参数值 > |<@ 变参名 >[OUTPUT] |[DEFAULT]]
[,...n]
[WITH RECOMPILE]
}
```

🔍 参数说明

1）<@状态变量 >是一个可选的整型变量，保存存储过程的返回状态。这个变量用于 EXECUTE 语句前，必须在批处理、存储过程或函数中声明过。

2）（存储过程名）表示要调用的存储过程名称。

3）<@过程参数 >在 CREATE PROCEDURE 语句中定义。参数名称前必须加上符号 "@"。

4）<参数值 >是过程中参数的值。如果参数名称没有指定，参数值必须以 CREATE PROCEDURE 语句中定义的顺序给出。参数值也可以用 <@ 变参名 >代替 ， <@ 变参名 >是用来存储参数值或返回参数值的变量。

5）OUTPUT 指定存储过程必须返回一个参数。该存储过程的匹配参数也必须由关键字 OUTPUT 创建。

6）DEFAULT 表示不提供实参，而是使用对应的默认值。

7）WITH RECOMPILE 表示强制在执行存储过程时对其进行编译，并将其存储起来，以后执行时不再编译。

训练 8-2 使用 T－SQL 语句调用存储过程，如图 8-3 所示。

```
USE Student
DECLARE @ NAME CHAR(9)
SET @ NAME = '李勇'
EXEC PS_GRADE @ NAME
```

图 8-3　使用 T－SQL 语句调用存储过程

训练 8-3 使用 T－SQL 语句，创建一个存储过程 PV_GRADE，输入一个学生姓名，输出该学生所有选修课程的平均成绩。

```
USE Student
CREATE PROCEDURE PV_GRADE
@ S_NAME CHAR(8) = NULL,@ S_AVG REAL OUTPUT
AS
SELECT @ S_AVG = AVG(GRADE)
FROM S JOIN SC ON S. SNO = SC. SNO AND SNAME = @ S_NAME
JOIN C ON SC. CNO = C. CNO
```

【任务8.3】　删除存储过程 ⚙

🔷 任务导入

当不再需要一个存储过程时，可以对其进行删除操作，以释放存储空间。并且存储过程删除后，只会删除存储过程在数据库中的定义，而与存储过程有关的数据表中的数据不会受到任何影响。

🔍 任务描述

删除存储过程 PS_GRADE。

🔶 任务实施

（1）使用 SSMS 工具删除存储过程

1）在【对象资源管理器】中展开【数据库】文件夹，并进一步展开 Student 文件夹。

2）展开【可编程性】选项，展开存储过程，右击要删除的存储过程 PS_GRADE，在弹出的快捷菜单中选择【删除】命令，进入【删除对象】窗口，单击【确定】按钮就可以删除存储过程。

（2）使用 T-SQL 删除存储过程

T-SQL 提供了 DROP PROCEDURE 语句来删除存储过程，语句格式如下：

```
DROP PROCEDURE <存储过程名>
```

训练8-4　使用 T-SQL 语句删除存储过程。

```
USE Student
DROP PROCEDURE PS_GRADE
```

【同步实训】　创建图书管理数据库中的存储过程 ⚙

1. 实训目的

1）进一步熟悉 SSMS 工具创建、调用、删除存储过程的操作。

2）学会使用 T-SQL 语句创建、调用、删除存储过程。

2. 实训内容

1）在图书管理数据库 tsgl 中分别使用 SSMS 工具和 T-SQL 语句创建图书存储过程 PS_JYJL，使其可以通过读者编号查询读者的借阅记录。

2）调用存储过程 PS_JYJL 查询读者编号为"2022258"的借阅记录。

3）删除存储过程 PS_JYJL。

【拓展活动】

同学们了解我国第一位铁路设计师詹天佑吗？请同学们查询詹天佑为国不计名与利的事迹。我们从詹天佑的事迹中可以学习到什么？

【单元小结】

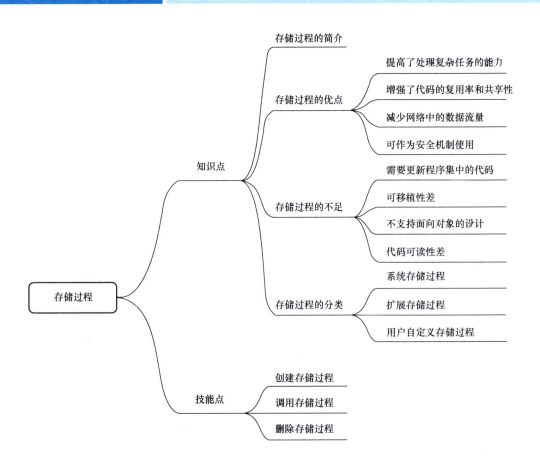

【思考与练习】

一、选择题

1. 下列哪些是存储过程的优点（　　　）。

A. 提高了处理复杂任务的能力　　　B. 增强了代码的复用率和共享性

C. 减少网络中的数据流量　　　　　D. 可作为安全机制使用

2. 存储过程的不足包括如下几个方面（　　　）。

A. 更新烦琐　　　　　　　　　　　B. 可移植性差

C. 不支持面向对象的设计　　　　　D. 代码可读性差

3. 使用 T‑SQL 创建存储过程的关键词是（　　　）。

A. CREATE PROCEDURE   B. CREATE TABLE

C. CREATE DATABASE   D. CREATE INDEX

4. T‑SQL 调用存储过程的关键词是（　　　）。

A. EXEC TABLE   B. EXEC PROCEDURE

C. EXEC DATABASE   D. EXEC INDEX

5. 使用 T‑SQL 删除存储过程的关键词是（　　　）。

A. DROP TABLE   B. DROP PROCEDURE

C. DROP DATABASE   D. DROP INDEX

二、填空题

1. 存储过程的类型有：_____、_____和_____。

2. 使用 CREATE 语句创建存储过程时在工具栏单击_____按钮，开始输入 T‑SQL 语句。

三、简答题

简述存储过程的主要内容？

单元9

数据库安全管理

🔍 **知识目标**

➤ 理解 SQL Server 的身份认证模式。

➤ 理解登录名、数据库用户的含义。

➤ 理解角色的作用。

📚 **技能目标**

➤ 能创建和管理 SQL Server 2019 登录账号。

➤ 学会管理数据库用户账号和权限。

➤ 学会管理服务器角色。

【知识储备】　SQL Server 的安全等级概述

数据库在各种各样的应用程序中使用，通常会保存着各种信息，甚至包括高度敏感的个人信息和关键数据，例如个人资料、工程数据、交易数据等。数据完整性和合法存取会受到密码策略、数据库操作及本身的安全、系统后门等很多方面的威胁。此外，数据库系统中存在的安全漏洞和一些不当的配置也会造成严重的后果，而且通常难以发现。

为了保护数据库的安全，防止非法用户对数据库的操作，SQL Server 2019 提供了强大的数据保护和安全功能，它采用"最少特权"原则，只授予用户工作时所需要的权限。SQL Server 2019 的身份验证、授权和验证机制可以保证数据不受内部和外部侵害。

SQL Server 2019 的安全机制主要包括服务器级别安全机制、数据库级别安全机制和数据库对象级别安全机制三种。以下对这三种机制做简要介绍。

1. 服务器级别的安全性

这个级别的安全性主要通过登录账户进行控制，要想访问一个数据库服务器，必须拥有一个登录账户。登录账户可以是 Windows 账户或组，也可以是 SQL Server 的登录账户。登录账户可以属于相应的服务器角色。至于角色，可以理解为权限的组合。

2. 数据库级别的安全性

这个级别的安全性主要通过用户账户进行控制，要想访问一个数据库，必须拥有该数据库的一个用户账户身份。用户账户是通过登录账户进行映射的，可以属于固定的数据库角色或自定义数据库角色。

3. 数据库对象级别的安全性

这个级别的安全性通过设置数据库对象的访问权限进行控制。在创建数据库对象时，SQL Server 将自动把该数据库对象的拥有权赋予该对象的所有者。数据库对象访问的权限包括对数据库中对象的引用、数据操作语句的许可权限。

默认情况下，只有数据库的所有者才可以在该数据库下进行操作。当一个非数据库所有者想访问该数据库的对象时，必须事先由数据库的所有者赋予该用户对指定对象执行特定操作的权限。

【任务9.1】　身份验证模式

🔵 任务导入

学生管理数据库 Student 建立起来后，可供不同用户来访问。如何保证只有合法的用户才能访问学生管理数据库，这就需要进行数据库安全性管理，以保证数据库中数据的安全。对于数据库来说，安全性是指保护数据库不被破坏和非法使用的性能。安全管理对于 SQL Server 数据库管理系统而言是至关重要的。安全管理主要涉及 SQL Server 的安全性、安全认证模式、SQL Server 用户账号、用户角色和权限的管理等内容。本任务主要完成身份验证模式的选择。

🔍 任务描述

选择身份验证模式。具体任务如下：

1）启用内置的 SQL Server 登录账户 sa。

2）设置混合模式身份验证。

⚙ 任务实施

每个网络用户在访问 SQL Server 数据库之前，都需要进行两个阶段的检验：

1）验证阶段：用户在 SQL Server 获得对任何数据库的访问权限之前，SQL Server 或者 Windows 将检查用户是否有登录到 SQL Server 上的权限。如果验证通过，用户就可以连接到 SQL Server 上；否则，服务器将拒绝用户登录。

2）许可确认阶段：用户验证通过后会登录到 SQL Server 上，此时系统将检查用户是否有访问服务器上数据的权限。

本任务主要讲解验证阶段。SQL Server 2019 提供了两种对用户进行身份验证的模式，即 Windows 身份验证模式、混合模式。

身份验证模式可以在安装过程中指定或使用 SQL Server Management Studio 指定。在安装 SQL Server 2019 或者第一次使用 SQL Server 连接其他服务器的时候，需要指定认证模式。对于已经指定验证模式的 SQL Server 服务器，也可以修改其验证模式。设置或修改验证模式的用户必须使用系统管理员或安全管理员账户。

1. 设置 Windows 身份验证模式

在 Windows 身份验证模式下只允许使用 Windows 认证机制。此时，SQL Server 检测当前使用的 Windows 用户账户，以确定该账户是否有权限登录。在这种方式下，用户不必提供登录名或密码让 SQL Server 验证。

使用【对象资源管理器】，设置 SQL Server 登录账户 sa，具体操作如下：

1）在【对象资源管理器】中，展开【安全性】→【登录名】，如图 9-1 所示。

2）双击【sa】，在出现的对话框的【常规】选项卡中，输入密码，如图 9-2 所示。

3）单击【状态】选项卡，在【设置】区域分别选择【授予】和【启用】，如图 9-3 所示。

图 9-1 【对象资源管理器】中
【安全性】→【登录名】

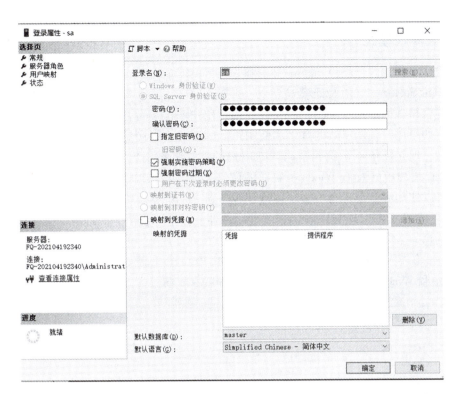

图 9-2　【登录属性- sa】对话框

图 9-3　【登录属性- sa】对话框【状态】选项卡

2. 设置混合模式

混合模式是指同时使用 Windows 身份和 SQL Server 混合验证模式，它允许基于 Windows 的和基于 SQL Server 的身份验证模式。

使用混合模式时，SQL Server 2019 首先确定用户的连接是否使用有效的 SQL Server 用户账户登录。如果用户使用有效的登录和使用正确的密码，则接受用户的连接；如果用户使用有效的登录，但是使用不正确的密码，则用户的连接将被拒绝。仅当用户没有有效的登录时，SQL Server 2019 才检查 Windows 账户的信息。

用户可以使用混合模式身份验证连接到服务器上，具体操作如下：

1）在【对象资源管理器】中，右击【服务器】，单击【属性】命令，会出现【服务器属性】对话框。

2）单击【选择页】列表中的【安全性】选项，在【服务器身份验证】选项中选择"SQL Server 和 Windows 身份验证模式（S）"，如图 9-4 所示。

图 9-4 【服务器属性】对话框

【任务 9.2】 登录账户管理

◎ 任务导入

通过了身份验证并不代表能够访问 SQL Server 中的数据，用户只有在获取访问数据库的权限之后，才能够对服务器上的数据库进行权限许可下的各种操作（主要针对数据库对象，

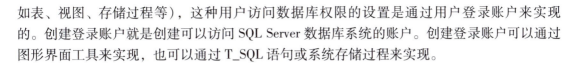

如表、视图、存储过程等），这种用户访问数据库权限的设置是通过用户登录账户来实现的。创建登录账户就是创建可以访问 SQL Server 数据库系统的账户。创建登录账户可以通过图形界面工具来实现，也可以通过 T_SQL 语句或系统存储过程来实现。

🔍 任务描述

创建并使用登录名和数据库用户，具体工作任务如下：

1）创建一个名为"Student_User"的 SQL Server 登录名，使其可以访问"Student"数据库。

2）测试登录名"Student_User"是否能成功登录服务器，并能访问"Student"数据库。

3）在 Student 数据库中创建一个名为"W_U"的数据库用户，将它与"W_User"登录名对应。

4）创建一个名为"Student _USER2"的 SQL Server 登录名，并将该登录名添加为"Student"数据库的用户。

🔧 任务实施

登录名是用于登录到 SQL Server 数据库引擎的单个用户账户。它主要分为两种，分别是基于 Windows 身份验证的登录名和基于 SQL Server 身份验证的登录名。

1. 使用 SSMS 工具管理登录账户

（1）使用 SSMS 工具创建 SQL Server 登录账户

创建一个名为"Student_User"的 SQL Server 登录名，使其可以访问"Student"数据库，具体操作如下：

1）在【对象资源管理器】中依次展开【服务器】→【安全性】→【登录名】。

2）打开【登录名-新建】对话框。

3）在对话框的【登录名】栏中输入"Student_User"；选择【SQL Server 身份验证】单选项，并设置密码和确认密码；在【默认数据库】下拉列表框中选择"Student"，如图 9-5 所示。

4）单击左侧【选择页】列表中的【用户映射】选项，在弹出的对话框中，勾选【Student】数据库前的复选框，如图 9-6 所示。单击【确定】按钮，完成设置。

用户可以在【对象资源管理器中】查看新建的登录账户，依次展开【安全性】、【登录名】即可。

用户也可以查看系统创建登录账户过程的脚本语句，方法是右击登录账户【Student_User】，在弹出的快捷菜单中选择【编写登录脚本为】→【CREATE 到】→【新查询编辑窗口】命令。

（2）使用 SSMS 工具测试是否成功登录服务器

测试登录名"Student_User"是否能成功登录服务器，并能访问"Student"数据库，具体操作如下：

1）在【对象资源管理器】中，单击工具栏上的【连接】→【数据库引擎】命令，打开【连接到服务器】对话框。

图9-5 【登录名-新建】对话框

图9-6 【用户映射】选项卡

2）输入正确的登录名及密码，如图9-7所示，单击【连接】按钮，验证成功后即可登录。

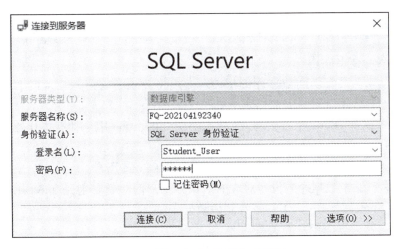

图9-7　【连接到服务器】对话框

 说明

虽然"Student_User"登录名能连接到服务器，并且可以访问"Student"数据库，但还不能访问到具体的数据，若要访问数据，还需映射到数据库用户上。

"Student _User"只能访问"Student"数据库，如果使用其他数据库，就会提示错误信息。

2. 使用 T‐SQL 语句创建登录账户

训练9-1　创建一个名为"W_User"的 SQL Server 登录名，使其可以访问"Student"数据库。

```
CREATE LOGIN[W_User],
WITH PASSWORD = '123456',
DEFAULT_DATABASE = [Student],DEFAULT_LANGUAGE = [简体中文],
CHECK_EXPIRATION = OFF,
--仅适用于 SQL Server 登录账户,用于指定是否对此登录账户强制实施密码过期策略,其默认值是 OFF
CHECK_POLICY = OFF
--仅适用于 SQL Server 登录账户,用于指定是否应对此登录账户强制实施运行 SQL Server 的计算机的 Windows 密码策略,其默认值是 ON
EXEC sys. sp_addsrvrolemember @ loginname = 'W_User',
@ rolename = 'sysadmin'
--添加登录,使其成为固定服务器角色的成员
ALTER LOGIN[W_User]DISABLE    --禁用登录账户 W_User
```

3. 创建数据库用户

（1）登录名与数据库用户

如果要使登录名具有访问数据库的权力，必须将登录名映射到相应的数据库用户。所以，每一个登录名必须对应一个数据库用户。

登录名 sa（或 Windows 账号）对应数据库用户 dbo，dbo 用户拥有操作数据库的所有权限（权限最高）。

凡具有 sysadmin 服务器角色的登录名，自动映射到 dbo 用户。

其他登录名在某个数据库中没有对应的数据库用户时，就映射到 guest 用户上，若没有 guest 用户（如 Student 库），则不能查看到该数据库对象。

（2）登录名和数据库用户的关系

登录名和数据库用户的关系，如图 9-8 所示。

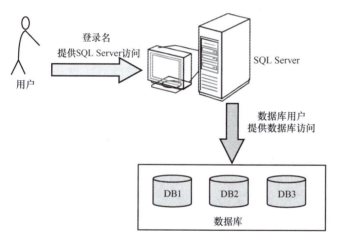

图 9-8 登录名和数据库用户的关系

在 Student 数据库中创建一个名为"W_U"的数据库用户，将它与"W_User"登录名对应，具体操作如下：

1）在【对象资源管理器】窗口中依次展开【服务器】→【数据库】→【Student】→【安全性】，定位到【用户】，如图 9-9 所示。

2）右击【用户】，选择【新建用户】命令，会打开【数据库用户-新建】对话框，如图 9-10 所示，输入用户名和登录名，单击【确定】按钮。

图 9-9 定位到【用户】

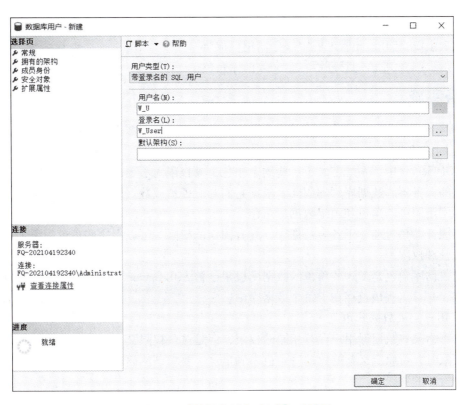

图 9-10　【数据库用户-新建】对话框

> **训练 9-2**　创建一个名为"Student_USER2"的 SQL Server 登录名，并将该登录名添加为"Student"数据库的用户。
>
> 1）在【对象资源管理器】窗口中依次展开【服务器】→【数据库】→【Student】→【安全性】节点，定位到【用户】。
>
> 2）右击【用户】，选择【新建用户】命令，此时会打开【数据库用户-新建】对话框。输入登录名 Student_USER2，单击【确定】按钮。

【任务 9.3】　角色管理

📀 任务导入

在 SQL Server 中，角色是为了方便进行权限管理所设置的管理单位，它是一组权限的集合。将数据库用户按所享有的权限进行分类，即可定义为不同的角色。管理员可以根据用户所具有的角色进行权限管理，从而大大减少工作量。

🔍 任务描述

为登录名分配访问权限和角色，具体工作任务如下：

1）使用 SSMS 工具管理固定服务器角色成员。

2）使用 SSMS 工具管理用户定义数据库角色。

3）使用 T‑SQL 语句管理固定服务器角色成员。

4）使用 T‑SQL 语句管理用户定义数据库角色。

😊 任务实施

在 SQL Server 中有两类角色，分别为固定角色和用户定义数据库角色。

（1）固定角色

在 SQL Server 中，系统定义了一些固定角色，其权限无法更改，每一个固定角色都拥有一定级别的服务器和数据库管理职能。根据它们对服务器或数据库的管理职能不同，固定角色又分为固定服务器角色和固定数据库角色。

固定服务器角色独立于各个数据库，具有固定的权限，可以在这些角色中添加用户以获得相关的管理权限。

固定数据库角色是指这些角色的数据库权限已被 SQL Server 预定义，不能对其权限进行任何修改，并且这些角色存在于每个数据库中。

（2）用户定义数据库角色

当打算为某些数据库用户设置相同的权限，但是这些权限又不同于固定的数据库角色所具有的权限时，可以定义新的数据库角色来满足这一要求，从而使这些用户能够在数据库中实现某些特殊的功能。

1. 使用 SSMS 工具管理角色

（1）添加固定服务器角色成员

将登录账户"FQ‑202104192340\Adminstrator"添加为固定服务器角色 dbcreator 的成员，具体操作如下：

1）在【对象资源管理器】中依次展开【安全性】→【服务器角色】，在【服务器角色】中会自动显示当前 SQL Server 服务器的角色，如图 9‑11 所示。

2）选择要添加成员的某固定服务器角色（本例为 dbcreator），然后右击，在弹出的快捷菜单中选择【属性】命令，弹出【服务器角色属性】对话框，如图 9‑12 所示。

3）在【服务器角色属性】对话框中单击【添加】按钮，在弹出的【选择登录名】对话框中单击【浏览】按钮，弹出【查找对象】对话框，如图 9‑13 所示。选择需要的登录账户，本例中为"FQ‑202104192340\Adminstrator"，单击【确定】按钮。将其添加到【服务器角色属性】的【角色成员】列表框中，如图 9‑14 所示。最后单击【确定】按钮完成操作。

图 9-11 【安全性】→【服务器角色】

图 9-12　【服务器角色属性】对话框

图 9-13　【查找对象】对话框

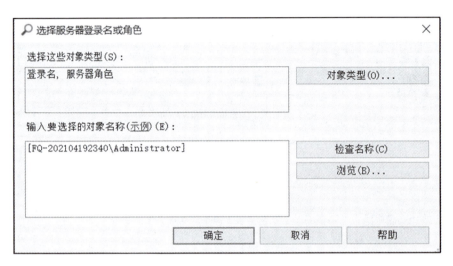

图 9-14 【选择服务器登录名或角色】对话框

 说明

如果想删除服务器角色，在图 9-12 所示的【服务器角色属性】对话框中选中该用户，然后单击【删除】按钮即可。

如果想查看服务器角色成员信息，在图 9-12 所示的【服务器角色属性】对话框中，在【角色成员】列表框中选中该用户，进行查看。

（2）添加固定数据库角色成员

使用 SSMS 工具添加固定数据库角色与添加固定服务器角色类似，在【对象资源管理器】中依次展开【数据库】→所选数据库（如 Student）→【安全性】→【角色】→【数据库角色】，然后选择要添加成员的某固定数据库角色，接着进行与添加固定服务器角色类似的操作，这里不再赘述。

使用 SSMS 工具查看固定数据库角色的方法是，在【对象资源管理器】中依次展开【数据库】→所选数据库（如 Student）→【安全性】→【角色】→【数据库角色】，然后选择要查看的固定数据库角色，右击，在弹出的快捷菜单中选择【属性】命令，弹出类似图 9-12 的【数据库角色属性】对话框，在【角色成员】列表框中进行查看。

（3）创建和删除用户定义数据库角色

当一组用户需要在 SQL Server 中执行一组活动且没有满足需求的固定数据库角色时，需自己定义数据库角色。

使用 SSMS 工具创建数据库角色的步骤如下：

1）在【对象资源管理器】中依次展开【数据库】→所选数据库（如 Student）→【安全性】→【角色】→【数据库角色】。

2）右击【数据库角色】或具体数据库角色（如 db_owner），在弹出的快捷菜单中选择【新建数据库角色】命令，弹出如图 9-15 所示的【数据库角色-新建】对话框。

3）在【数据库角色-新建】对话框中指定角色名称与所有者，单击【确定】按钮，即可创建新的数据库角色。

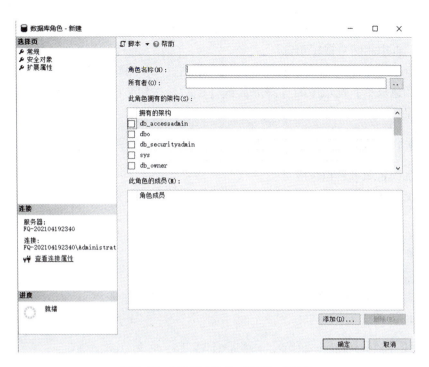

图 9-15 【数据库角色-新建】对话框

如果右击具体数据库角色（如 db_owner），在快捷菜单中选择【属性】命令，弹出【数据库角色属性】对话框，如图 9-16 所示。用户可以在【数据库角色属性】对话框中查看或修改角色信息，例如指定新的所有者，对拥有架构、角色成员等信息进行修改。

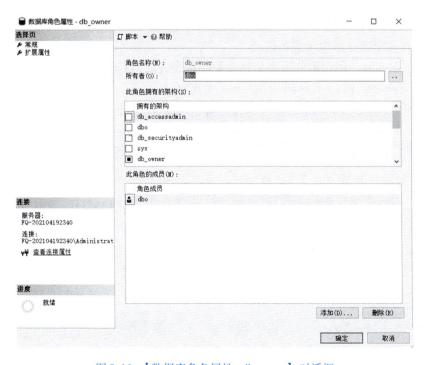

图 9-16 【数据库角色属性- db_owner】对话框

如果右击某数据库角色，在快捷菜单中选择【删除】命令，弹出【删除对象】对话框，可以在该对话框中删除数据库角色。

在图 9-16 所示的某数据库角色的【数据库角色属性】对话框中，单击【常规】选项页右下角的【角色成员】区域中的【添加】或【删除】按钮，即可完成用户数据库角色成员的添加或删除。

2. 使用 T－SQL 语句管理角色

（1）添加固定服务器角色成员

使用系统存储过程 sp_addsrvrolemember 也可以添加固定服务器角色成员，其语句格式如下：

```
sp_addsrvrolemember <登录账户>,<固定角色名>
```

> **训练 9-3** 使用系统存储过程 sp_addsrvrolemember 将登录账户 ss_login 添加为固定服务器角色 sysadmin 的成员。
> ```
> EXEC sp_addsrvrolemember'ss_login','sysadmin'
> ```

（2）删除固定服务器角色成员

当固定服务器角色成员不再需要时可以将其删除，使用系统存储过程 sp_dropsrvrolemember 删除固定服务器角色成员的语句格式如下：

```
sp_dropsrvrolemember <角色成员名>,<固定服务器角色名>
```

（3）查看固定服务器角色成员信息

在使用数据库时，用户可能需要了解有关固定服务器角色及其成员的信息，可以使用存储过程 sp_helpsrvrole 和 sp_helpsrvrolemember 实现。

1）查看固定服务器角色信息的存储过程 sp_helpsrvrole 的语句格式如下：

```
sp_helpsrvrole <固定服务器角色名>
```

2）查看固定服务器角色成员的存储过程 sp_helpsrvrolemember 的语句格式如下：

```
sp_helpsrvrolemember <固定服务器角色名>
```

（4）添加固定数据库角色成员

使用系统存储过程 sp_addrolemember 向固定数据库角色添加成员的语句格式如下：

```
sp_addrolemember <固定数据库角色名>,<数据库用户>
```

训练 9-4　为数据库 Student 创建 Windows 登录账户"BZY－PC/ww_login"，密码为"abc"，并创建该登录账户的用户名"Uww_login"，最后添加到固定数据库角色"db_ddladmin"中。

```
USE Student
EXEC sp_addlogin'BZY－PC/ww_login','abc'
EXEC sp_grantdbaccess'BZY－PC/ww_login','Uww_login'
EXEC sp_addrolemember'db_ddladmin','Uww_login'
```

（5）删除固定数据库角色成员

使用系统存储过程 sp_droprolemember 删除固定数据库角色成员的语句格式如下：

```
sp_droprolemember <固定数据库角色名>,<角色成员名>
```

训练 9-5　删除训练 9-4 中创建的固定数据库角色"db_ddladmin"的角色成员"Uww_login"。

```
USE Student
EXEC sp_droprolemember'db_ddladmin','Uww_login'
```

（6）查看固定数据库角色成员

在使用数据库时，用户可能需要了解有关数据库角色成员的信息，使用存储过程 sp_helpdbfixedrole、sp_helprole 和 sp_helpuser 实现。

1）查看当前数据库的固定数据库角色的存储过程 sp_helpdbfixedrole 的语句格式如下：

```
sp_helpdbfixedrole <固定角色名>
```

2）查看当前数据库定义的固定数据库角色信息的存储过程 sp_helprole 的语句格式如下：

```
sp_helprole <固定角色名>
```

3）查看当前数据库定义的角色成员信息的存储过程 sp_helprole 的语句格式如下：

```
sp_helpuser <角色成员名>
```

训练 9-6　查看数据库 Student 的固定数据库角色信息及角色成员信息。

```
USE Student
sp_helpdbf ixedrole'db_ddladmin'
sp_helprole'db_ddladmin'
sp_helpuser'LiuJL－PC\w_jx'
```

（7）创建和删除用户定义数据库角色

使用系统存储过程 sp_addrole 和 sp_droprole 可以分别创建和删除用户定义数据库角色。

1）创建用户定义数据库角色的语句格式如下：

```
sp_addrole <用户定义数据库角色名>[,<角色名>|<用户>]
```

2）删除当前数据库中的用户定义数据库角色的语句格式如下：

```
sp_droprole<用户定义数据库角色名>
```

其中，<用户定义数据库角色名>是自定义的用户数据库角色的名字，<角色名>必须是当前数据库中的某个角色，<用户>必须是当前数据库中的某个用户。

训练9-7　使用系统存储过程为数据库 Student 创建名为 role_1 的用户定义数据库角色。

```
USE Student
EXEC sp_addrole'role_1'
```

（8）添加和删除用户定义数据库角色成员

使用系统存储过程添加或删除用户定义数据库角色成员与添加或删除固定数据库角色成员的方法一样，分别使用存储过程 sp_addrolemember 和 sp_dropsrvrolemember 添加或删除用户定义数据库角色成员。

训练9-8　使用存储过程 sp_addrolemember 将用户 U_login 添加到数据库 Student 的 role_1 角色中。

```
USE Student
EXEC sp_addrolemember'role_1','U_login'
```

【任务9.4】 权限管理

任务导入

权限是指用户对数据库中对象的使用及操作的权利，当用户连接到 SQL Server 服务器后，该用户要进行的任何涉及修改数据库或访问数据的活动都必须具有相应的权限，也就是说，用户可以执行的操作均由其被授予的权限决定。

任务描述

具体工作任务如下：

1）语句权限的管理。

2）对象权限的管理。

3）用户或角色权限的设置。

🔾 任务实施

SQL Server 2019 中的权限包括 3 种类型，即语句权限、对象权限和隐含权限。

（1）语句权限

语句权限主要指用户是否具有权限来执行某一语句，这些语句通常是一些具有管理性质的操作，如创建数据库、表、存储过程等。这种语句虽然也含有操作（如 CREATE）的对象，但这些对象在执行该语句之前并不存在于数据库中，所以将其归为语句权限范畴。

在默认状态下，只有 sysadmin、db_owner、dbcreator 或 db_securityabmin 角色的成员能够授予语句权限。例如，用户若要在数据库中创建表，应该向该用户授予 CREATE TABLE 语句权限。

在 SQL Server Management Studio 中，为查看现有的角色或用户的语句权限，以及"授予""授予并允许转授""拒绝"语句权限提供了图形界面。其中，"授予"是指为被授权者授予指定的权限；"授予并允许转授"是指被授权者还可以将指定权限授予其他的用户或角色；"拒绝"是指该用户不具备此项选项。

（2）对象权限

对象权限是用户对数据库对象执行操作的权力，即处理数据或执行存储过程所需要的权限，如 INSERT、UPDATE、DELETE、EXECUTE 等。这些数据库对象包括表、视图、存储过程等。

不同类型的对象支持的操作不同，例如不能对表对象执行 EXECUTE 操作。

（3）隐含权限

隐含权限是指系统预定义且不需要授权就拥有的权限，包括固定服务器角色、固定数据库角色和数据库对象所有者拥有的权限。

固定角色拥有确定的权限，例如固定服务器角色 sysadmin 拥有完成任何操作的全部权限，其成员自动继承这个固定角色的全部权限。数据库对象所有者可以对所拥有的对象执行一切操作，如查看、添加或删除数据库等操作，也可以控制其他用户使用其所拥有的对象的权限。

权限管理的任务就是管理语句权限和对象权限。

1. 使用 SSMS 工具管理权限

（1）语句权限的管理

使用 SSMS 工具可以对数据库用户或角色的语句权限进行管理，具体操作如下：

1）在【对象资源管理器】下依次展开【数据库】→【Student】。

2）右击【Student】，在快捷菜单中选择【属性】命令，弹出【数据库属性－Student】对话框。

3）切换到【权限】选项卡，可以查看、设置角色或用户语句权限，如图 9-17 所示。

在图 9-17 中，用户可以看到下方列表中包含了上方列表所指定的数据库用户或角色的语句权限，可以通过勾选【授予】、【授予并允许转授】或者【拒绝】复选框指定对象上的各个权限。

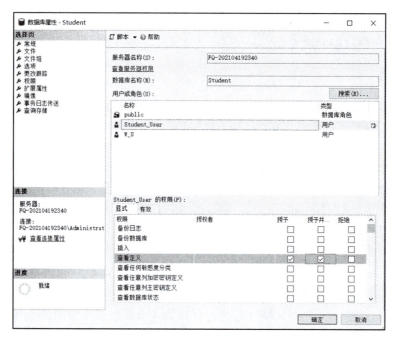

图 9-17　【数据库属性-Student】对话框

（2）对象权限的管理

在数据库 Student 中查看和设置表 S 的权限，具体操作如下：

1）在【对象资源管理器】中依次展开【数据库】→【Student】→【表】。

2）右击表 S，在快捷菜单中选择【属性】命令，在弹出的【表属性-S】对话框中打开【选项】选项卡，查看、设置表 S 的对象权限，如图 9-18 所示。

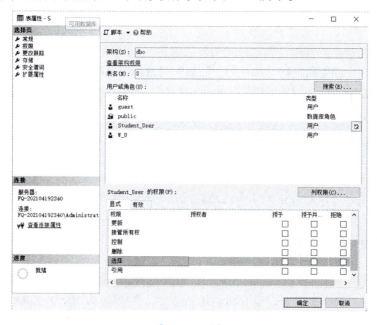

图 9-18　【表属性-S】对话框

3）如果选择一个操作语句，然后单击【列权限】按钮，在弹出的【列权限】对话框中还可以设置表 S 中的某些列的权限，如图 9-19 所示。本例中为表 S 的列 Sname 设置【授予】和【授予并允许转授】权限。

图 9-19　【列权限】对话框

2. 使用 T‒SQL 语句管理权限

（1）授予用户或角色权限

数据库控制语言（DCL）是用来设置、更新数据库数据或角色权限的语句，包括 GRANT、DENY 和 REVOKE 语句。这 3 种语句的功能如下：

GRANT：表示授予，将指定的操作权限授予数据库用户或角色。

DENY：表示拒绝，拒绝数据库用户或角色的特定权限，并阻止它们从其他角色中继承这个权限。

REVOKE：表示撤销，取消先前被授予或拒绝的权限。

说明

不允许跨数据库授予权限，只能将当前数据库中的对象和语句的权限授予当前数据库中的用户。如果用户需要另一个数据库中的对象的权限，需要在该数据库中创建登录账户，或者授权登录账户访问该数据库以及当前数据库。

使用 GRANT 语句把某些权限授予某一用户或某一角色，以允许该用户执行针对该对象的操作，例如 UPDATE、SELECT、DELETE、EXECUTE 等；或允许其运行某些语句，例如 CREATE TABLE、CREATE DATABASE。

GRANT 语句的完整语法非常复杂，其简化语句格式如下：

```
GRANT [ALL[PRIVILEGES]]|<权限>[,…n]
[(<列名>[,…n])]ON<表>|<视图>
|<表>|<视图>[((<列名>[,…n])]
|ON <存储过程>|<用户定义函数>
TO <用户>|<登录账户>[,…n]
[WITH GRANT OPTION]
[AS <组>|<角色>]
```

该语句的含义是，将指定操作对象的指定操作权限授予指定用户。发出该 GRANT 语句的可以是数据库管理员，也可以是该数据库的创建者，还可以是已经拥有该权限的用户。接受权限的用户可以是一个或多个具体用户，也可以是 public，即全体用户。

参数说明

1）ALL：说明授予所有可以获得的权限。对于对象权限，sysadmin 和 db_owner 角色成员和数据库所有者可以使用 ALL 选项；对于语句权限，sysadmin 角色成员可以使用 ALL 选项。值得注意的是不推荐使用此选项，保留此选项仅用于向后兼容。

2）PRIVILEGES：包含此参数是为了符合 ISO 标准。

3）WITH GRANT OPTION：表示由 GRANT 授权的 <用户> 或 <登录账户> 有权将当前获得的对象权限转授予其他 <用户> 或 <登录账户>。

4）AS <组>| <角色>：表明被授予权限的用户从该 <组> 或 <角色> 处继承的权限。

训练 9-9　使用 GRANT 语句给数据库用户 U_login 授予 CREATE TABLE 的权限。

```
USE Student
GRANT CREATE TABLE TO U_login
```

训练 9-10　授予角色和用户对象权限。

```
USE Student
GRANT SELECT ON SC
TO public
GRANT INSERT,UPDATE,DELETE ON SC
TO Stu_1,Stu_User
```

通过给 public 角色授予 SC 表的 SELECT 权限，使得 public 角色中的所有成员都拥有 SELECT 权限，而数据库 Student 的所有用户均为 public 角色的成员，所有该数据库的所有成员都拥有对 SC 表的查询权。本例还授予 Stu_1 和 Stu_User 对 SC 表拥有 INSERT、UPDATE 和 DELETE 权限。

（2）拒绝用户或角色权限

SQL Server 利用 DENY 语句拒绝用户或角色使用授予的权限。在授予了用户或角色对象权限以后，数据库管理员可以根据实际情况在不撤销用户或角色授予权限的情况下，对用户或角色使用拒绝权限。其基本语句格式如下：

```
DENY [ALL[ PRIVILEGES]]|<权限>[,n]
[( <列名>[,…n])] ON <表>|<视图>
|<表>|<视图>[( <列名>[,…n])]
|ON <存储过程>|<用户定义函数>
TO <用户>|<登录账户>[,…n]
[CASCADE]
```

其中，CASCADE 指定授予用户拒绝权限，并撤销用户的 WITH GRANT OPTION 权限。其他参数的含义与 GRANT 相同，在此不再赘述。

训练 9-11　利用 DENY 语句拒绝用户 Stu_User 使用 CREATE VIEW 语句。

```
USE Student
DENY CREATE VIEW TO Stu_User
```

训练 9-12　给 public 角色授予表 S 上的 INSERT 权限，但用户 User_01、User_02 不具有对 S 表的 INSERT 权限。

```
USE Student
GRANT INSERT ON S
TO public
DENY INSERT ON S
TO User_01,User_02
```

这个例子首先把对表 S 的 INSERT 权限授予 public 角色，这样所有的数据库用户都拥有了该权限，然后，拒绝了用户 User_01 和 User_02 拥有该权限。

 说明

如果使用了 DENY 命令拒绝某用户获得某项权限，即使该用户后来又加入了具有该权限的某工作组或角色，该用户仍然无法使用该权限。

（3）撤销用户或角色权限

SQL Server 利用 REVOKE 语句撤销某种权限，以停止以前授予或拒绝的权限。使用撤销类似于拒绝，但是撤销权限是收回已授予的权限，并不妨碍用户、组或角色从更高级别层次获取授予的权限。

1）撤销用户或角色权限的语句格式一。

```
REVOKE ALL|<权限>[,…n]
FROM <用户>|<角色>[,…n]
```

该语句的含义是，从指定的用户或角色收回所有的或指定的权限。

训练 9-13 在数据库 Student 中，收回用户 Stu_1 的建表权限。

```
USE Student
REVOKE CREATE TABLE
FROM Stu_1
```

2）撤销用户或角色权限的语句格式二。

```
REVOKE [ALL[PRIVILEGES]]|<权限>[,…n]
[(<列名>[,…n])]ON<表>|<视图>
|<表>|<视图>[(<列名>[,…n])]
|ON<存储过程>|<用户定义函数>
TO|FROM <用户>|<登录账户>[,…n]
[CASCADE]
[AS <组>|<角色>]
```

各参数的含义与 GRANT 语句相同，在此不再赘述。

训练 9-14 使用 REVOKE 语句撤销用户 Stu_1、Stu_User 在 SC 表上的 INSERT、UPDATE、DELETE 权限。

```
USE Student
REVOKE INSERT,UPDATE,DELETE ON SC
FROM Stu_1,Stu_User
```

【同步实训】 创建登录账号、角色并设置权限

1. 实训目的

1）能创建和管理 SQL Server 2019 登录账号。
2）学会管理数据库用户账号和权限。
3）学会管理服务器角色。

2. 实训内容

1）在图书管理数据库 tsgl 中创建 SQL Server 登录账户 User_L1 和 User_L2，并在此基础上创建数据库用户 User_x1 和 User_x2。

2）给数据库用户 User_x1 设置 SELECT 权限，给 User_x2 设置 INSERT、UPDATE 和

DELETE 权限。

3）将登录账户 User_L1 添加为固定服务器角色 sysadmin 的成员，将数据库用户 User_x1 添加为固定数据库角色 db_datareader 的成员。

【拓展活动】

数据安全已经成为国家安全保障体系的重要组成内容。同学们知道哪些国内外重大数据泄漏事件，对我们个人、企业甚至国家造成了哪些影响？我们在日常生活中应如何保护自己的隐私数据？在我们国家有相关法律法规吗？

【单元小结】

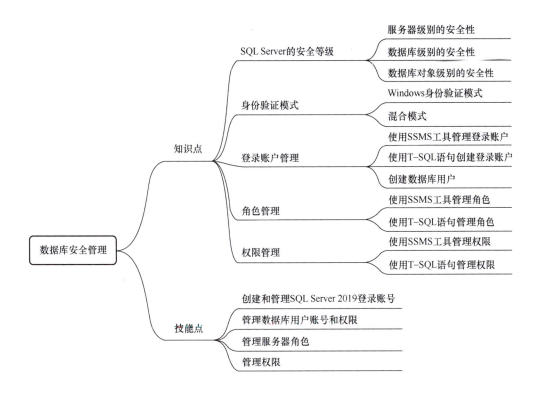

【思考与练习】

一、选择题

1. 在数据库的安全控制中，授权的数据对象的（　　），授权子系统就越灵活。

A. 范围越小　　　　B. 约束越细致　　　　C. 范围越大　　　　D. 约束范围大

2. 在"连接"组中有两种连接认证方式，其中在（　　）方式下，需要客户端应用程序连接时提供登录时需要的用户标识和密码。

A. Windows 身份验证　　　　　　　　B. SQL Server 身份验证

C. 以超级用户身份登录时　　　　　　D. 其他方式登录时

3. 在 SQL Server 中，为便于管理用户及权限，可以将一组具有相同权限的用户组织在一起，这一组具有相同权限的用户称为（　　　）。

A. 账户　　　　　　　　　　　　　　B. 角色

C. 登录　　　　　　　　　　　　　　D. SQL Server 用户

二、填空题

1. SQL Server 2019 的两种身份验证模式是_____和_____。

2. 在 SQL Server 2019 的安装过程中，内置的 SQL Server 登录名是_____。

3. 数据库用户是_____的主体，是登录名在_____中的映射。

4. 在 SQL Server 2019 系统中，默认的数据库用户有：_____、_____、_____。

5. SQL Server 2019 的角色分为_____和_____两类。

6. 由于 SQL Server 服务器角色的权限集是不能更改的，所以服务器角色又称为_____。

7. 服务器角色有_____个级别，其中，级别最高的服务器角色是_____。

8. 在 SQL Server 2019 中，数据库角色有三种：_____、_____和_____。

9. SQL Server 2019 的权限分为：_____、_____、_____。

10. 授予、撤销、拒绝权限的命令关键字分别是_____、_____、_____。

三、简答题

1. 如果有一个名为"Win_user"的登录名，要使该登录名能执行 SQL Server 的任何操作，请问需要将该登录名添加到哪个服务器角色中？

2. 如果有一个名为"ST_su"的数据库用户，要使该用户能执行所有数据库任何操作，请问需要将该用户添加到哪个数据库角色中？

单元10

数据库备份和还原

📝 学习目标

🔍 知识目标

➤ 理解数据库的备份和还原。
➤ 理解数据库的分离和附加。
➤ 理解数据的导出和导入。

◆ 技能目标

➤ 会备份和还原数据库。
➤ 会分离和附加数据库。
➤ 会导出和导入数据。

【知识储备 10.1】 数据库的备份 ⚙

由于数据库存储着大量数据，因此数据的安全性至关重要，任何数据的丢失都会给用户带来严重的损失。数据丢失可能是由以下多种原因造成的：硬件故障、病毒、错误地使用 UPDATE 和 DELETE 语句、软件错误、自然灾害等。

1. 备份方式

SQL Server 2019 提供了 4 种备份方式，即完整备份（complete backup）、差异备份（differential backup）、事务日志备份（transaction log backup）、文件或文件组备份（file or file group backup）。

（1）完整备份

完整备份是指备份整个数据库的所有内容，包括事务日志。该备份类型需要比较大的存储空间来存储备份文件，备份时间也比较长，在恢复数据时，只要恢复一个完整备份文件即可。

例如，在 2023 年 1 月 1 日上午 8 点进行了完整备份，那么将来在恢复时，就可以恢复到 2023 年 1 月 1 日上午 8 点时的数据库状态。

（2）差异备份

差异备份是对完整备份的补充，只备份上次完整备份后更改的数据。相对于完整备份而言，差异备份的数据量比完整备份的数据量少，备份的速度也比完整备份要快。因此，差异备份为常用的备份方式。在恢复数据时，要先恢复前一次做的完整备份，然后再恢复最后一次做的差异备份，这样才能让数据库中数据的内容恢复到与最后一次差异备份时的内容相同。

例如，在 2023 年 1 月 1 日上午 8 点进行了完整备份后，在 1 月 2 日和 1 月 3 日又分别进行了差异备份，那么在 1 月 2 日的差异备份里记录的是从 1 月 1 日到 1 月 2 日这一段时间的数据变动情况，而在 1 月 3 日的差异备份里记录的是从 1 月 1 日到 1 月 3 日这一段时间的数据变动情况。因此，如果要恢复到 1 月 3 日的状态，只要先恢复 1 月 1 日做的完整备份，再恢复 1 月 3 日做的差异备份就可以了。

（3）事务日志备份

事务日志备份只备份事务日志里的内容。事务日志记录了上一次完整备份或事务日志备份后数据库的所有变动过程。事务日志记录的是某一段时间内的数据库变动情况，因此，在进行事务日志备份之前，必须要进行完整备份。与差异备份类似，事务日志备份生成的文件较小、使用的时间较短，但是在恢复数据时，除了要恢复完整备份之外，还要依次恢复每个事务日志备份，而不是只恢复最后一个事务日志备份（这是与差异备份的区别）。

例如，在 2023 年 1 月 1 日上午 8 点进行了完整备份后，到 1 月 2 日上午 8 点为止，数据库中的数据变动了 100 次，如果此时做了差异备份，那么差异备份记录的是第 100 次数据变动后的数据库状态，如果此时做了事务日志备份，备份的将是这 100 次的数据变动情况。

又如，在 2023 年 1 月 1 日上午 8 点进行了完整备份后，在 1 月 2 日和 1 月 3 日又进行了事务日志备份，那么在 1 月 2 日的事务日志备份里记录的是从 1 月 1 日到 1 月 2 日这一段时

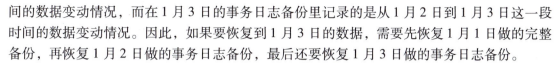

间的数据变动情况，而在 1 月 3 日的事务日志备份里记录的是从 1 月 2 日到 1 月 3 日这一段时间的数据变动情况。因此，如果要恢复到 1 月 3 日的数据，需要先恢复 1 月 1 日做的完整备份，再恢复 1 月 2 日做的事务日志备份，最后还要恢复 1 月 3 日做的事务日志备份。

（4）文件或文件组备份

如果在创建数据库时为数据库创建了多个数据库文件或文件组，可以使用文件或文件组备份方式。文件或文件组备份方式可以只备份数据库中的某些文件，该备份方式在数据库文件非常庞大时十分有效，由于每次只备份一个或几个文件或文件组，因此可以分多次来备份数据库，避免了大型数据库备份时间过长的情况。另外，由于文件或文件组备份只备份其中一个或多个数据库文件，当数据库中的某个或某些文件损坏时，只需要恢复损坏的文件或文件组备份就可以了。

合理地备份数据库需要考虑几个方面，首先是数据安全，其次是备份文件大小，最后是做备份和恢复能承受的时间范围。

例如，如果数据库每天变动的数据量很小，可以每周（周日）做一次完整备份，以后的每天（下班前）做一次事务日志备份，那么一旦数据库发生问题，可以将数据恢复到前一天（下班时）的状态。

当然，用户也可以在周日做一次完整备份，周一到周六每天下班前做一次差异备份，这样一旦数据库发生问题，同样可以将数据恢复到前一天下班时的状态，只是一周的后几天做差异备份时，备份的时间和备份的文件都会跟着增加。但这样也有一个好处，就是在数据损坏时只恢复完整备份的数据和前一天差异备份的数据即可，不需要恢复每一天的事务日志备份，恢复的时间比较短。

如果数据库中的数据变动比较频繁，损失一个小时的数据就是十分严重的损失时，用上面的方法备份数据就不可行了，此时可以交替使用 3 种备份方式来备份数据库。例如，每天下班时做一次完整备份，在两次完整备份之间每隔 8 小时做一次差异备份，在两次差异备份之间每隔一小时做一次事务日志备份。如此一来，一旦数据损坏可以将数据恢复到最近一个小时以内的状态，同时又能减少数据库备份数据的时间和备份数据文件的大小。

在前面还提到过当数据库文件过大不易备份时，可以分别备份数据库文件或文件组，将一个数据库分多次备份。在现实操作中，还有一种情况可以用到数据库文件的备份。例如在一个数据库中，某些表里的数据变动很少，而另外一些表里的数据却经常改变，那么可以考虑将这些数据表分别存储在不同的文件或文件组中，然后通过不同的备份频率来备份这些文件或文件组。若使用文件或文件组进行备份，恢复数据时也要分多次才能将整个数据库恢复完毕，所以除非数据库文件大到备份困难，否则不要使用该备份方式。

2. 备份策略

我们通常依据所要求的还原能力（如将数据库还原到故障点）、备份文件的大小（如只进行数据库完整备份或事务日志备份或差异备份）以及留给备份的时间等来决定使用哪种类型的备份。

选用怎样的备份方案将对备份和还原产生直接影响，而且也决定了数据库在遭到破坏前后的一致性水平。所以，用户在做出决策前，必须考虑以下问题：

如果只进行完整备份，那么将无法还原自最近一次数据库备份以来数据库中所发生变化的所有数据。这种方案的优点是简单，而且在进行数据库还原时操作也很方便。

如果在进行完整备份时也进行事务日志备份，那么可以将数据库还原到故障点，一般在故障前未提交的事务将无法还原。但如果在数据库发生故障后立即对当前处于活动状态的事务进行备份，则未提交的事务也可以还原。

从以上论述可以看出，对数据库一致性的要求程度成为选择备份方案的主要原因。但在某些情况下，对数据库备份提出更为严格的要求。例如，在处理业务比较重要的应用环境中经常要求数据库服务器连续工作，最多只留一小段时间来执行系统维护任务，在该情况下一旦系统发生故障，则要求数据库在最短时间内立即还原到正常状态，以避免丢失过多的重要数据，由此可见，备份或还原所需的时间往往也成为选择何种备份方案的重要影响因素。

那么如何才能减少备份和还原所花费的时间？SQL Server 提供了以下几种方法来减少备份或还原操作的执行时间。

1）使用多个备份设备同时进行备份处理。同理，可以从多个备份设备上同时进行数据库还原操作处理。

2）综合使用完整备份、差异备份和事务日志备份来减少每次需要备份的数据量。

3）使用文件或文件组备份以及事务日志备份，可以只备份或还原包含相关数据的文件，而不是整个数据库。

另外，需要注意的是，在备份时也需要决定使用哪种备份设备，如磁盘或移动设备、命名管道等，并且决定如何在备份设备上创建备份，例如将备份添加到备份设备上或将其覆盖。

【知识储备 10.2】 数据库的还原

数据库还原就是当数据库出现故障时，将备份的数据库加载到系统，从而使数据库还原到备份时的正确状态。

1. 数据库还原技术

SQL Server 会自动将备份文件中的数据全部复制到数据库，并保证数据库中数据的完整性。系统能把数据库从被破坏、不正确的状态恢复到最近一个正确的状态，DBMS 的这种能力称为数据库的可恢复性（recovery）。

如果要使数据库具有可恢复性，就要使用"冗余"，即数据库重复存储。

（1）数据库的基本维护

为了使 DBMS 具有更好的可恢复性，DBA 必须做好数据库的基本维护工作。平时要做好两件事：转储和建立日志数据库。

1）转储。周期性地（比如一天一次）对整个数据库进行复制，转储到另一个磁盘或移动设备类存储介质中。

2）建立日志数据库。记录事务的开始、结束标志，记录事务对数据库的每一次插入、删除和修改前后的值，写到日志数据库中，以便有案可查。

（2）数据库故障处理方法

一旦发生数据库故障，分以下两种情况进行处理：

如果数据库被破坏，例如磁头脱落、磁盘损坏等，这时数据库已经不能用了，要装入最近一次复制的数据库备份到新的磁盘，然后利用日志库执行"重做"（REDO）处理，将这两个数据库状态之间的所有更新重新做一遍。这样既恢复了原有的数据库，又没有丢失对数据库的更新操作。

如果数据库未被破坏，但某些数据不可靠，受到怀疑，例如程序在批处理修改数据库时异常中断，这时不必去复制存档的数据库，只要通过日志库执行"撤销"（UNDO）处理，撤销所有不可靠的修改，把数据库还原到正确的状态即可。还原的原则很简单，实现的方法也比较简单，但做起来相当复杂。

2. 数据库还原方法

在还原数据库时，SQL Server 会自动将备份文件中的数据全部复制到数据库，并回滚任何未完成的事务，以保证数据库中数据的完整性。SQL Server 还原数据库的方式主要有两种，一是使用 SSMS 工具，二是使用 T‑SQL 语句方式。

【知识储备 10.3】 数据库的分离和附加

分离数据库就是将某个数据库（如 Student）从 SQL Server 数据库列表中移出，使其不再被 SQL Server 管理和使用，但必须保证该数据库的数据库文件（.mdf）和对应的日志件（.ldf）完好无损。分离成功后，用户就可以把该数据库的数据库文件（.mdf）和对应的日志文件（.ldf）复制到其他磁盘或移动设备上作为备份保存。

附加数据库就是将一个备份磁盘中的数据库文件（.MDF）和对应的日志文件（.LDF）复制到需要的计算机中，并将其添加到某个 SQL Server 数据库服务器中，由该服务器来管理和使用这个数据库。

【知识储备 10.4】 数据的导入和导出

数据的"导出"是指将 SQL Server 表中的数据复制到其他数据类型文件中；而数据的"导入"是将其他数据义件中的数据加载到 SQL Server 表中。通过"导入"和"导出"数据的操作可以将数据在 SQL Server 2019 数据库和其他类数据源（如 Excel 或 Oracle 数据库）之间移动。

【任务 10.1】 备份和还原数据库

◉ 任务导入

由于计算机系统的各种软/硬件故障、用户的错误操作以及一些恶意破坏会影响到数据的正确性甚至造成数据损失、服务器崩溃的严重后果，所以，备份和还原对于保证系统的可靠性具有重要的作用。经常备份可以有效地防止数据丢失，能够把数据从错误的状态还原到正确的状态。如果用户采取适当的备份策略，就能够以最短的时间使数据库还原到数据损失最少的状态。

🔍 任务描述

备份与还原数据库，具体工作任务如下：

1）创建备份设备。

2）删除备份设备。

3）备份数据库。

4）还原数据库。

🔵 任务实施

1. 备份数据库

创建和删除备份设备主要有两种方式，一是使用 SSMS 工具，二是使用系统存储过程。

（1）创建备份设备

SQL Server 2019 允许将本地主机的硬盘或远程主机的硬盘作为备份设备，备份设备在硬盘中是以文件的方式存储的。

1）使用 SSMS 工具创建备份设备。在"D:\BAK"下创建一个用来备份数据库 Student 的备份设备 back_Student，具体操作如下：

① 在【对象资源管理器】窗口中依次展开服务器下的【服务器对象】，定位到【备份设备】。

② 从快捷菜单中选择【新建备份设备】命令，弹出【备份设备】对话框，在【设备名称】文本框中输入"back_Student"，并在目标区域中设置文件，如图 10-1 所示。本例中备

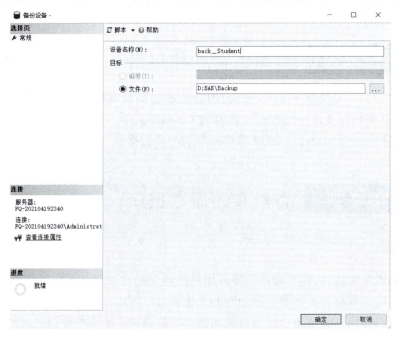

图 10-1 【备份设备】对话框

份设备存储在"D:\BAK"文件夹下，这里必须保证 SQL Server 2019 所选择的硬盘驱动器上有足够的可用空间。

③ 单击【确定】按钮完成备份设备的创建。

创建完毕之后，立即转到 Windows 资源管理器，并查找一个名为 back_Student. bak 的文件。有时用户可能找不到它，因为 SQL Server 还没有创建这个文件，SQL Server 只是在 master 数据库中的 sysdevices 表上简单地添加了一条记录，这条记录在首次备份到该设备时，会通知 SQL Server 将备份文件创建在什么地方。

2）使用系统存储过程创建备份设备。用户可以使用系统存储过程 sp_addumpdevice 来创建备份设备。其语句格式如下：

```
EXEC sp_addumpdevice DISK|PIPE|TAPE,<逻辑名>,<物理名>
```

🔍 **参数说明**

DISK | PIPE | TAPE：创建的设备类型，取值为 DISK 表示硬盘，取值为 PIPE 表示命名管道，取值为 TAPE 表示磁带设备。

<逻辑名>：备份设备的逻辑名称，该逻辑名称用于 BACKUP 和 RESTORE 语句中，数据类型为 sysname（用户定义名），没有默认值，并且不能为 NULL。

<物理名>：备份设备的物理名称，物理名称必须遵循操作系统文件名称的规则或者网络设备的通用命名规则，并且必须包括完整的路径。它没有默认值，并且不能为 NULL。

当创建远程网络位置上的备份设备时，需要确保在其下启动 SQL Server 的名称对远程的计算机有适当的写入能力。

👆 **注意**

不能在事务内执行 sp_addumpdevice，只有 sysadmin 和 diskadmin 固定服务器角色的成员才能执行该系统存储过程。

训练 10-1　创建一个名为 mydiskdump 的备份设备，其物理名称为 D:\BAK\Dumpl. bak。

```
USE master
EXEC sp_addumpdevice 'disk','mydiskdump','D:\BAK\Dumpl.bak'
```

训练 10-2　查看创建的备份设备文件。

```
USE master
SELECT * FROM sysdevices
```

训练 10-3 添加一个逻辑名称为 netdevice 的远程磁盘备份设备。

```
USE master
EXEC sp_addumpdevice 'DISK','netdevice','\\servername\sharename\path\filename.bak'
```

🖐 **注意**

在训练 10-3 中需要指明具体的服务器名及路径。

（2）删除备份设备

如果备份设备不再需要可以将其删除。

1）使用 SSMS 工具删除备份设备，具体操作如下：

首先在【对象资源管理器】中展开【服务器对象】，定位到【备份设备】，接着选择要删除的具体备份设备，然后右击，从弹出的快捷菜单中选择【删除】命令，即可完成删除操作。

2）使用系统存储过程删除备份设备。用户可以使用系统存储过程 sp_dropdevice 来删除备份设备。其语句格式如下：

```
EXEC sp_dropdevice <备份设备名>
```

其中，<备份设备名>是指备份设备的逻辑名称。

训练 10-4 删除训练 10-1 创建的备份设备。

```
USE master
EXEC sp_dropdevice 'mydiskdump'
```

（3）查看备份设备信息

用户可以使用 SSMS 工具或使用 T‐SQL 语句来查看备份设备的信息。

使用 SSMS 工具查看备份设备信息的具体方法是，在【对象资源管理器】中依次展开【服务器对象】→【备份设备】，右击所要查看信息的备份设备的名称，在快捷菜单中选择【属性】命令，弹出【备份设备】对话框，利用【备份设备】对话框中的【常规】和【媒体内容】选项卡来查看相关信息。

使用 RESTORE HEADRONLY 语句也可以查看备份设备的相关信息。其简单语句格式如下：

```
RESTORE HEADRONLY FROM <备份设备名>
```

训练 10-5 使用 T‐SQL 语句查看备份设备 back_Student 的相关信息。

```
USE master
RESTORE HEADERONLY FROM back_Student
```

（4）备份数据库

前面已经提到 SQL Server 的数据库备份类型有 4 种，即完整备份、差异备份、事务日志备份和文件或文件组备份。在 SQL Server 2019 中创建 4 种数据库备份的方式主要有两种，一是使用 SSMS 工具，二是使用 T-SQL 语句方式。

1）使用 SSMS 工具备份数据库。完整备份是数据库最基础的备份方式，差异备份、事务日志备份都依赖于完整备份。对数据库 Student 进行一次完整备份，具体操作如下：

① 在【对象资源管理器】中展开【数据库】，右击【Student】，在快捷菜单中选择【属性】命令，弹出【数据库属性-Student】对话框。

② 切换到【选项】，从【恢复模式】下拉列表框中选择【完整】选项，单击【确定】按钮，即可应用所修改的结果。

③ 右击数据库【Student】，从快捷菜单中选择【任务】→【备份】命令，弹出【备份数据库-Student】对话框，从【数据库】下拉列表框中选择 Student 数据库，在【备份类型】下拉列表框中选择【完整】选项。

④ 设置备份到磁盘的目标位置，通过单击【删除】按钮删除已存在的目标。

⑤ 单击【添加】按钮，弹出【选择备份目标】对话框，选中【备份设备】单选按钮，然后从下拉列表框中选择 back_Student 选项，如图 10-2 所示。

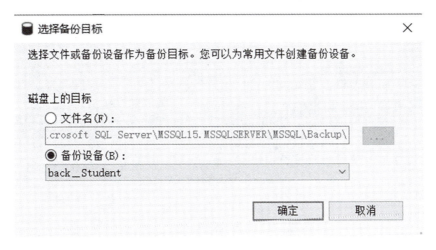

图 10-2　【选择备份目标】对话框

⑥ 设置好以后，单击【确定】按钮返回【备份数据库-Student】对话框，这时就可以看到【目标】下面的文本框中增加了一个备份设备 back_Student，如图 10-3 所示。

⑦ 切换到【介质选项】选项卡，选中【覆盖所有现有备份集】单选按钮，用于初始化新的设备或覆盖现在的设备；选中【完成后验证备份】复选按钮，用来核对实际数据库与备份副本，并确保它们在备份完成之后是一致的。具体设置如图 10-4 所示。

⑧完成设置后，单击【确定】按钮开始备份，若完成备份后弹出【备份完成】对话框，表示已经完成了对数据库 Student 的完整备份。

创建差异备份的过程与创建完整备份的过程几乎相同。对数据库 Student 进行一次差异备份，具体操作如下：

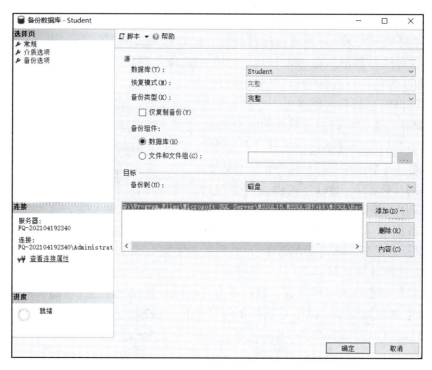

图 10-3 【备份数据库-Student】对话框

图 10-4 设置【介质选项】选项卡

① 在【对象资源管理器】中展开【数据库】文件夹，右击【Student】，从快捷菜单中选择【任务】→【备份】命令，弹出【备份数据库-Student】对话框，如图 10-3 所示。

② 在【备份数据库-Student】对话框中选择要备份的数据库 Student，并选择【备份类型】为"差异"，确保在【目标】下面列出了 Student 设备。

③ 切换到【介质选项】选项卡，选中【追加到现有备份集】单选按钮，以免覆盖现有的完整备份，并且选中【完成后验证备份】复选按钮，以确保它们在备份完成之后是一致的。

④ 完成设置后，单击【确定】按钮开始备份，若完成备份后弹出【备份完成】对话框，表示已经完成了 Student 数据库的差异备份。

尽管事务日志备份依赖于完整备份，但它并不备份数据库本身。这种类型的备份只记录事务日志的适当部分。对数据库 Student 进行事务日志备份的具体操作如下：

① 在【对象资源管理器】中展开【数据库】，右击【Student】，从快捷菜单中选择【任务】→【备份】命令，弹出【备份数据库-Student】对话框，如图 10-3 所示。

② 在【备份数据库-Student】对话框中，选择所要备份的数据库 Student，并且选择【备份类型】为"事务日志"，确保在【目标】下面列出了 Student 设备。

③ 切换到【介质选项】选项卡，选中【追加到现有备份集】单选按钮，以免覆盖现有的完整备份，并选中【完成后验证备份】复选按钮。

④ 完成设置后，单击【确定】按钮开始备份，备份完成后将弹出【备份完成】对话框。

利用文件或文件组备份，每次可以备份这些文件中的一个或多个文件，而不是同时备份整个数据库。要执行文件或文件组备份，必须首先添加文件或文件组。为数据库 Student 添加文件组的操作如下：首先在【对象资源管理器】中展开【数据库】文件夹，右击【Student】，从快捷菜单中选择【属性】命令，弹出【数据库属性-Student】对话框。接着切换到【文件组】选项卡，然后单击【添加】按钮，在【名称】文件框中输入"Secondary"，如图 10-5 所示。切换到【文件】选项卡，然后单击【添加】按钮，设置各个选项，具体设置如图 10-6 所示。最后单击【确定】按钮关闭【数据库属性-Student】对话框。

对数据库 Student 进行文件或文件组备份，具体操作如下：

① 右击 Student，从快捷菜单中选择【任务】→【备份】命令，弹出【备份数据库-Student】对话框，选择要备份的数据库为"Student"，并且选择备份类型为【完整】。

② 在【备份组件】中选择【文件组】选项，打开【选择文件和文件组】对话框，然后选中【Secondary】复选按钮，如图 10-7 所示。

③ 单击【确定】按钮，保留其他选项为默认值，或者根据需要修改相应的选项，但应确保【目标】中为"back_Student"备份设备。

④ 切换到【选项】选项卡，选中【追加到现有备份集】单选按钮，以免覆盖现有的完整备份，并选中【完成后验证备份】复选按钮。

⑤ 设置完成后，单击【确定】按钮开始备份，备份完成后将弹出备份成功消息框。

2）使用 T-SQL 语句方式备份数据库。使用系统命令 BACKUP DATABASE 可以完成数据库的完整备份。BACKUP DATABASE 的语句格式如下：

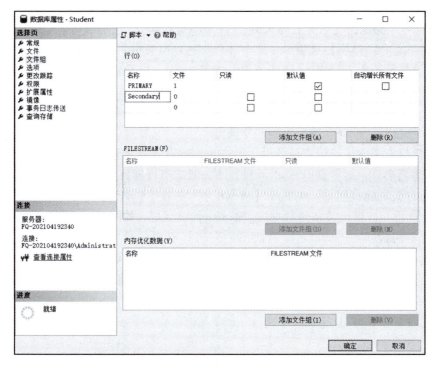

图 10-5　添加文件组

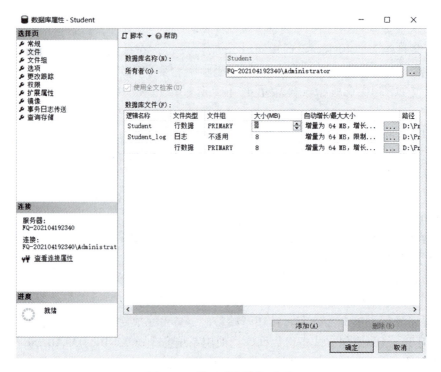

图 10-6　设置【文件】选项

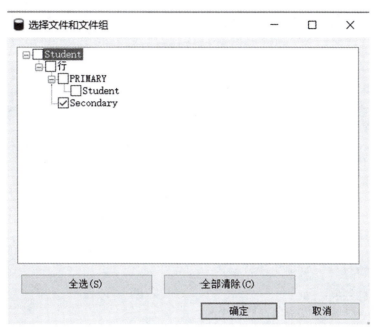

图 10-7　【选择文件和文件组】对话框

```
RESTORE HEADERONLY FROM back_St
BACKUP DATABASE <数据库名>
TO DISK|TAPE = <物理文件名>[,…n]
WITH
[[,]NAME = <备份设备名>]
[[,]DESCRIPTION = <备份描述>]
[[,]INIT |NOINIT]
```

其中，INIT｜NONINT 中的 INIT 表示新备份的数据覆盖当前备份设备上的每一项内容，NOINIT 表示新备份的数据添加到备份设备上已有的内容后面。

训练 10-6　在备份设备 back_Student 上重新备份数据库 Student，并覆盖以前的数据。

```
USE master
BACKUP DATABASE Student
TO DISK ='D:\BAK \Student_backup. bak'
BACKUP DATABASE Student
TO DISK = 'D:\Student\tmpxsbook. bak'--物理文件名
WITH INIT,--覆盖当前备份设备上的每一项内容
NAME = 'D:\Student \back_Student'--备份设备名
```

从结果可以看出,完整备份将数据库中的所有数据文件和日志文件都进行了备份。

当然，用户也可以将数据库备份到一个磁盘文件中，此时，SQL Server 将自动为其创建备份设备。

训练 10-7 将数据库 Student 备份到磁盘文件 Student_backup. bak 中。

```
USE master
BACKUP DATABASE Student
TO DISK ='D:\BAK \Student_backup. bak'
```

使用系统命令 BACKUP DATABASE 可以完成数据库的差异备份。BACKUP DATABASE 的语句格式如下：

```
BACKUP DATABASE <数据库名>
TO DISK |TAPE = <物理文件名>[ ,…n]
WITH DIFFERENTIAL
[[,]NAME = <备份设备名>]
[[,]DESCRIPTION = <备份描述>]
[[,]INIT |NOINIT]
```

其中，WITH DIFFERENTIAL 子句指明了本次备份是差异备份，其他选项与完整备份类似。

训练 10-8 在训练 10-1 的基础上创建数据库 Student 的差异备份，并将此次备份追加到以前所有备份的后面。

```
USE master
BACKUP DATABASE Student
TO DISK ='D:\BAK \firstbackup'
WITH DIFFERENTIAL,
NOINIT
```

从执行结果可以看出，Student 数据库的差异备份与完整备份相比，数据量较少，时间也较短。

使用系统命令 BACKUP LOG 可以创建事务日志备份。BACKUP LOG 的语句格式如下：

```
BACKUP LOG <数据库名>
TO DISK |TAPE = <物理文件名>[ ,…n]
WITH DIFFERENTIAL
[[,]NAME = <备份设备名>]
[[,]DESCRIPTION = <备份描述>]
[[,]INIT |NOINIT]
[[,]NORECOVERY]
```

其中，BACKUP LOG 子句指明了本次备份创建的是事务日志备份，NORECOVERY 是指备份到日志尾部并使数据库处于正在恢复的状态，它只能和 BACKUP LOG 一起使用。其他选项与以上备份类似，在此不再赘述。

训练 10-9　对数据库 Student 做事务日志备份，要求追加到现有备份集 firstbackup 的本地磁盘设备上。

```
USE master
BACKUP LOG Student
TO DISK ='D:\BAK \firstbackup'
WITH NOINIT
```

使用系统命令 BACKUP 创建文件或文件组备份的 T‐SQL 语句格式如下：

```
BACKUP DATABASE <数据库名>
FILE = <逻辑文件名>|FILEGROUP = <逻辑文件组名>
TO DISK|TAPE = <物理文件名>[,…n]
WITH INIT |NOINIT
```

其中各选项与以上备份类似，在此不再赘述。

训练 10-10　将数据库中添加的文件组 Secondary 备份到本地磁盘设备 firstbackup 上。

```
USE master
BACKUP DATABASE Student
FILEGROUP ='Secondary'
TO DISK ='firstbackup'
WITH NOINIT
```

2. 还原数据库

SQL Server 还原数据库主要使用 SSMS 工具和 T‐SQL 语句两种方式。

（1）使用 SSMS 工具还原数据库

将数据库 Student 还原，具体操作如下：

① 在【对象资源管理器】中右击 Student 数据库，从快捷菜单中选择【任务】→【还原】→【数据库】命令，弹出【还原数据库‐Student】对话框，如图 10-8 所示。

② 选择恢复的【源数据库】为 Student 或者选择恢复的【源设备】。在【要还原的备份集】中选择相应的备份集。

③ 在【选项】选项卡中配置恢复操作的选项，如图 10-9 所示。

在【选项】选项卡中：

覆盖现有数据库：允许恢复操作覆盖现有的任何数据库以及它们的相关文件。

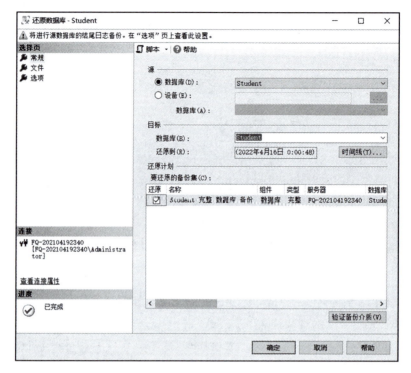

图 10-8 【还原数据库-Student】对话框

图 10-9 【选项】选项卡

保留复制设置：当正在恢复一个发布的数据库到一个服务器的时候，确保保留任何复制的设置，必须选中"回滚未提交的事务，使数据库处于可以使用的状态"单选按钮。

限制访问还原的数据库：将数据库设置为只有 dbo、dbcreator 以及 sysadmin 能够访问的限制用户模式。

还原每个备份前提示：在成功完成一个恢复并且在下一个恢复之前自动提示。提示包含一个"取消"按钮，它用于在一个特定的备份被恢复的过程中取消该恢复操作。当需要为不同的媒体集更换存储设备时，此复选框很有用。

④ 设置好上述选项后，单击【确定】按钮。在任何时候可以通过单击【立即停止操作】按钮停止还原，如果发生错误，可以看到关于错误消息的提示。

使用 SSMS 工具还可以还原文件和文件组，以及从数据库备份或文件备份中恢复文件和文件组，还可以还原单个文件、文件集或同时还原所有文件。

（2）使用 T－SQL 语句还原数据库

用户也可以使用 T－SQL 语句 RESTOR 还原整个数据库、数据库的日志，以及数据库指定的某个文件或文件组。其语句格式如下：

```
RESTORE DATABASE|LOG <数据库名>
[FROM <备份设备>[,…n]]
[WITH
[[,]FILE = <文件序号>|<@文件序号变量>]
[[,]MOVE <逻辑文件名> TO <物理文件名>]
[[,]NORECOVERY |RECOVERY]
[[,]REPLACE]
][STOPAT = <日期时间>|<@日期时间变量>]
```

🔍 参数说明

该语句指定从备份恢复整个数据库。如果指定了文件和文件组列表，则只恢复文件和文件组。

<数据库名>：指定将日志或整个数据库恢复到的数据库。

FROM：指定恢复备份的备份设备。如果没有指定 FROM 子句，则不会发生备份设备恢复，而只是恢复数据库。

<备份设备>：指定恢复操作要使用的逻辑或物理备份设备。

FILE = <文件序号> | <@文件序号变量>：标识要恢复的备份集。

例如，文件序号为 1 表示备份媒体上的第一个备份集，文件序号为 2 表示备份媒体上的第二个备份集。

MOVE <逻辑文件名> TO <物理文件名>：将给定的 <逻辑文件名> 移到 <物理文件名>，可以在不同的 MOVE 语句中指定数据库中的每个逻辑文件。

NORECOVERY | RECOVERY：NORECOVERY 指定恢复操作不回滚任何未提交的事务，以保持数据库的一致性。RECOVERY 用于最后一个备份的恢复，它是默认值。

REPLACE：指即使存在另一个具有相同名称的数据库，SQL Server 也能够创建指定的数据库及其相关文件，在这种情况下将删除现有的数据库。

STOPAT = ＜日期时间＞｜＜@日期时间变量＞：指将数据库恢复到其在指定日期和时间的状态。

训练 10-11 完成创建备份设备、备份数据库 Student 和恢复数据库 Student 的全过程。

（1）添加一个名为 my_disk 的备份设备，其物理名称为"D:\Student\Dump2. bak"。

```
USE master
EXEC sp_addumpdevice'disk','my_disk','D:\ Student \Dump2.bak'
```

（2）将数据库 Student 的数据文件和日志文件都备份到磁盘文件"D:\ Student \ Dump2. bak"中。

```
USE master
BACKUP DATABASE Student
TO DISK ='D:\Student \Dump2.bak'
BACKUP LOG Student TO DISK = 'D:\ Student \Dump2.bak'WITH NORECOV-
ERY;
```

（3）从 my_disk 备份设备中恢复 Student 数据库。

```
USE master
RESTORE DATABASE Student
FROM DISK ='D:\Student \Dump2.bak'
```

【任务 10.2】 分离和附加数据库

◉ 任务导入

分离和附加数据库是数据库备份与还原的一种常用方法，它类似于"文件复制"方法。但由于数据库管理系统的特殊性，需要利用 SQL Server 提供的工具才能完成以上工作，而简单的文件复制会导致数据库根本无法正常使用。

这个方法涉及 SQL Server 分离数据库和附加数据库这两个互逆操作。

◉ 任务描述

分离和附加数据库，具体工作任务如下：

1）分离数据库 Student。

2）附加数据库 Student。

 任务实施

1. 分离数据库

分离数据库主要有两种方式，一是使用 SSMS 工具，二是使用系统的存储过程。

（1）使用 SSMS 工具分离数据库

下面以分离数据库 Student 为例进行介绍，具体步骤如下：

1）在【对象资源管理器】中展开【数据库】，选择需要分离的数据库名称 Student，然后右击 Student 数据库，在快捷菜单中选择【属性】命令，弹出【数据库属性-Student】对话框。

2）将【数据库属性-Student】对话框切换到【选项】下，在【其他选项】列表中找到【状态】选项，然后单击【限制访问】下拉列表框，从中选择 SINGLE_USER 选项，如图 10-10 所示。

图 10-10　【数据库属性-Student】对话框

3）在弹出的消息框中单击【是】按钮，数据库名称【Student】后面显示【单个用户】。右击该数据库名称，在快捷菜单中选择【任务】→【分离】命令，弹出【分离数据库】对话框。

4）在【分离数据库】对话框中列出了要分离的数据库名称，选中【更新统计信息】复选按钮，若【消息】列中没有显示存在活动连接，则【状态】列显示为【就绪】，否则显示【未就绪】，此时必须选中【删除连接】复选按钮，如图 10-11 所示。

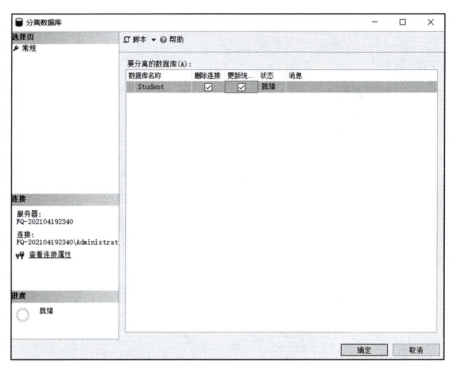

图 10-11 【分离数据库】对话框

5）分离数据库参数设置完成后，单击图 10-11 中的【确定】按钮，就完成了所选数据库的分离操作，这时在【对象资源管理器】的数据库对象列表中就见不到刚才被分离的数据库"Student"了。

（2）使用系统存储过程分离数据库

使用系统存储过程 sp_detach_db 可以分离数据库，其简单语句格式如下：

```
EXEC sp_detach_db <数据库名>
```

训练 10-12 利用存储过程 sp_detach_db 分离 Student 数据库。

```
USE master
EXEC sp_detach_db 'Student'
```

2. 附加数据库

附加数据库主要有两种方式，一是使用 SSMS 工具，二是使用 T-SQL 语句。

（1）使用 SSMS 工具附加数据库

下面以附加数据库 Student 为例进行介绍，具体步骤如下：

1）将需要附加的数据库文件和日志文件复制到某个已经创建好的文件夹中。假设数据库 Student 已经存储在 D:\Program Files\Microsoft SQL Server\MSSQL15.MSSQLSERVER\

MSSQL\DATA 文件夹下，在【对象资源管理器】中右击【数据库】对象，并在快捷菜单中选择【附加】命令，弹出【附加数据库】对话框。

2）在【附加数据库】对话框中单击中间的【添加】按钮，弹出【定位数据库文件】对话框，在此对话框中展开 D：\Program Files\Microsoft SQL Server\MSSQL15. MSSQLSERVER\MSSQL\DATA 文件夹，选择要附加的数据库文件 Student. mdf，如图 10-12 所示。

图 10-12 【定位数据库文件】对话框

3）单击【确定】按钮，完成数据库文件的附加。

（2）使用 T - SQL 语句附加数据库

使用 T - SQL 语句附加数据库的语句格式如下：

```
CREATE DATABASE <数据库名>
ON( FILENAME = <物理文件名>)
FOR ATTACH
```

其中，<数据库名>是要恢复的数据库的逻辑文件名，<物理文件名>是数据库的数据文件（包括完整路径）。

训练 10-13 附加 Student 数据库。

```
USE master
CREATE DATABASE Student
ON( FILENAME = 'D:\StudentSYS\DATA\Student.mdf')
FOR ATTACH
```

【任务 10.3】 导入与导出数据

◎ 任务导入

对 SQL Server 2019 数据库进行数据"导出"和"导入"的方法比较多，如利用 SSMS 工具的向导、SQL Server 存储过程和用户定义函数等。下面介绍利用 SSMS 工具和 Excel 类型文件进行数据的"导出"和"导入"。

◎ 任务描述

导出和导入数据库 Student 中的学生信息表 S，具体工作任务如下：
1）导出数据库 Student 中的学生信息表 S 到 Excel 文件。
2）将其他格式数据导入数据库 Student。

◎ 任务实施

1. 导出数据

将学生管理数据库 Student 学生信息表 S 中的数据导出到 Excel 文件"D：\Student SYS\学生信息表.xls"中，具体操作如下：

1）在【对象资源管理器】中展开数据库，右击要导出数据所在的数据库，在快捷菜单中选择【任务】→【导出数据】命令，弹出【SQL Server 导入和导出向导】对话框，然后单击【下一步】按钮，弹出【选择数据源】对话框，如图 10-13 所示。

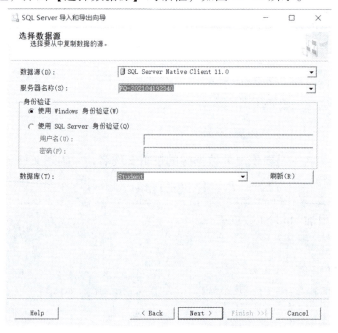

图 10-13 【选择数据源】对话框

2）由于是本地服务器，所以在【服务器名称】下拉列表框中选择"FQ－201104192340"，在【身份验证】项中选中【使用 Windows 身份验证】单选按钮，在【数据库】下拉列表框中选择"Student"，单击【Next】按钮，弹出【选择目标】对话框。

3）单击【目标】下拉列表框，选择"Microsoft Excel"选项，会出现图 10-14 中的【Excel 连接设置】项，在【Excel 文件路径】文本框中输入"D:\StudentSYS \学生信息表. xlsx"，单击【Next】按钮，弹出【指定复制或查询】对话框。

图 10-14 【选择目标】对话框

4）单击【Next】按钮，弹出【选择源表和源视图】对话框，选中 S 表名前面的复选框。

5）单击【Next】按钮，弹出【查看数据类型映射】对话框。

6）单击【Next】按钮，弹出【保存并执行】对话框，选择【立即运行】项（默认），单击【Next】按钮，弹出【完成该向导】对话框。

7）单击【Finish】按钮，弹出【执行成功】对话框。最后，单击【Close】按钮即可。

2. 导入数据

数据的导入是将其他格式的数据（例如文本数据、Access、Excel 或 FoxPro 等）导入到

SQL Server 数据库中。

导入向导与导出向导的使用方法基本相同，在此不再赘述。

【同步实训】　实现图书管理数据库的分离与附加

1. 实训目的

1）掌握使用 SSMS 工具分离数据库的方法。

2）掌握使用 T－SQL 语句分离数据库的方法。

3）掌握使用 SSMS 工具附加数据库的方法。

4）掌握使用 T－SQL 语句附加数据库的方法。

2. 实训内容

分别使用两种方法分离和附加图书管理数据库 tsgl。

1）使用 SSMS 工具分离图书管理数据库 tsgl。

2）使用 SSMS 工具附加图书管理数据库 tsgl。

3）使用 T－SQL 语句分离图书管理数据库 tsgl。

4）使用 T－SQL 语句附加图书管理数据库 tsgl。

【拓展活动】

同学们听说过青鸟工程吗？它对我国软件产业有什么样的作用？阅读青鸟工程以及青鸟工程主持人杨芙清的故事，对你有什么启示。

【单元小结】

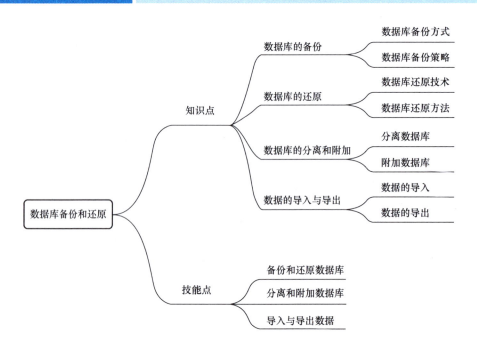

【思考与练习】

一、选择题

1. SQL Server 2019 中备份数据库的方式有（　　　）。

A. 完整备份　　　　　　　　　　　　B. 差异备份

C. 事务日志备份　　　　　　　　　　D. 文件和文件组备份

2. 备份数据库最花费时间的是（　　　）。

A. 完整备份　　　　　　　　　　　　B. 差异备份

C. 事务日志备份　　　　　　　　　　D. 文件和文件组备份

3. 在备份数据库时，应该考虑的因素有（　　　）。

A. 备份的时间　　　　　　　　　　　B. 备份的时间间隔

C. 备份的方式　　　　　　　　　　　D. 备份的地方

4. SQL Server 2019 中还原数据库的方式有（　　　）。

A. 完整备份的还原　　　　　　　　　B. 差异备份的还原

C. 事务日志备份的还原　　　　　　　D. 文件和文件组备份的还原

二、填空题

1. 为防止数据意外丢失，用户必须定期对数据库进行_____。

2. SQL Server 将数据库备份到磁盘的两种方式是：_____和_____。

3. 在进行数据库差异备份之前，需先做_____备份。

4. 如果 SQL Server 数据库要使用其他数据库中的数据，可以使用_____功能完成。

5. 如果数据库文件过大，可以分别备份_____或_____，将一个数据库分多次备份。

6. 在创建备份设备时，需要指定_____备份设备名和_____备份设备名。

7. 在进行差异备份的还原时，需要先还原_____备份；再还原_____所做的差异备份。

8. 在还原数据时，如果有其他人正在使用数据库，则_____还原数据库。

三、简答题

1. SQL Server2019 提供了哪些备份数据库的方式？

2. 在备份数据库时，应考虑哪些问题？

参 考 文 献

［1］陈义文. SQL Server 数据库应用项目化教程［M］. 2 版. 北京：机械工业出版社，2018.

［2］徐人凤，曾建华. SQL Server 2014 数据库及应用［M］. 5 版. 北京：高等教育出版社，2018.

［3］刘金岭，冯万利，张有东. 数据库原理及应用——SQL Server 2012［M］. 北京：清华大学出版社，2017.